Los orígenes de la creatividad humana

DRAKONTOS

Director:
JOSÉ MANUEL SÁNCHEZ RON

Los orígenes de la creatividad humana

Edward O. Wilson

Traducción castellana de
Joandomènec Ros

CRÍTICA
BARCELONA

Primera edición: junio de 2018
Primera edición en esta nueva presentación: septiembre de 2024

Los orígenes de la creatividad humana
Edward O. Wilson

Título original: *The origins of creativity*

Av. Diagonal, 662-664, 08034 Barcelona (España)
Crítica es un sello editorial de Editorial Planeta, S. A.

editorial@ed-critica.es
www.ed-critica.es

ISBN: 978-84-9199-617-0
Depósito legal: B. 12.388-2024
Impresión y encuadernación: Liberduplex digital
Printed in Spain - Impreso en España

El término «humanidades» incluye, aunque no se limita a ello, el estudio y la interpretación de lo que sigue: lenguaje, tanto moderno como clásico; lingüística; literatura; historia; jurisprudencia; filosofía; arqueología; religión comparada; ética; la historia, crítica y teoría de las artes; aquellos aspectos de las ciencias sociales que tienen contenido humanístico y emplean métodos humanísticos, y el estudio y aplicación de las humanidades al ambiente humano, con especial atención a reflejar nuestro patrimonio, tradiciones e historia diversos, y a la importancia de las humanidades para las condiciones actuales de la vida nacional.

Ley de la Fundación Nacional sobre las Artes y las Humanidades, Estados Unidos, 1965, revisada.

Un lobo vencido por un león. Una fábula de orgullo derrotado. (Benjamin Carlson, *The Wolf and His Shadow*, 2015. Tinta sobre cartulina de dibujo. 50 × 76 cm. © Benjamin Carlson. *The Wolf and his Shadow*, de Benjamin Carlson [pág. 44 en *Call of the Wild* 2015-2016 *Fábulas* de Esopo, de Bronwyn Minton, conservador asociado de arte e investigación, Museo Nacional de Arte de la Naturaleza].)

I

Las humanidades surgieron del lenguaje simbólico, una capacidad que de manera individual y espectacular distingue a nuestra especie de todas las demás. Al coevolucionar con la estructura del cerebro, el lenguaje liberó a la mente del animal para ser creativa, y por lo tanto para imaginar otros mundos infinitos en el tiempo y en el espacio, y para entrar en ellos. Esto nos confirió poderes, pero, como demostraré en esta primera parte, conservamos las emociones de nuestros antiguos antepasados primates. La combinación, que constituye lo que *grosso modo* denominamos «humanidades», es lo que nos hace sumamente avanzados, y sumamente peligrosos.

1

El alcance de la creatividad

La creatividad es el rasgo único y definitorio de nuestra especie; y su objetivo último, comprendernos a nosotros mismos: Qué somos, cómo llegamos a ser y qué destino, si acaso existe, determinará nuestra futura trayectoria histórica.

Así pues, ¿qué es la creatividad? Es la búsqueda innata de la originalidad. La fuerza impulsora es el amor instintivo de la humanidad por la novedad: el descubrimiento de nuevas entidades y procesos, la resolución de retos antiguos y la revelación de otros nuevos, la sorpresa estética de hechos y teorías no anticipados, el placer de caras nuevas, la excitación de nuevos mundos. Juzgamos la creatividad por la magnitud de la respuesta emocional que suscita. La seguimos hacia adentro, hacia las mayores profundidades de nuestras mentes compartidas, y hacia afuera, para imaginar la realidad a lo largo y lo ancho del universo. Los objetivos conseguidos conducen a otros objetivos, y la búsqueda no termina nunca.

Las dos grandes ramas del conocimiento, la ciencia y las humanidades, son complementarias en nuestra persecución de la creatividad. Comparten las mismas raíces de empeño innovador. El ámbito de la ciencia es todo lo que es posible en el universo; el ámbito de las humanidades es todo lo que es concebible para la mente humana.

Sobre la base de la consciencia combinada de nuestra especie, cada uno de nosotros puede ir a cualquier lugar del universo, captar cualquier poder, conseguir cualquier objetivo, buscar el infinito en el espacio y el tiempo. Desde luego, también es verdad que cuando nos gobiernan las presunciones salvajes y las pasiones animales que todos compartimos, nuestra fantasía desencadenada puede desintegrarse en locura. Milton expresó muy bien este gran riesgo de la condición humana:

> Una mente es su propio lugar, y por sí sola
> Puede hacer un cielo del infierno, y un infierno del cielo.*

De modo que quizá sea una bendición que la mente no viaje fácilmente a regiones extensas y desconocidas, sino que prefiera en cambio rondar y repetir sus excursiones en pequeños círculos familiares. Además, como norma, a la gente no le gusta la soledad de sus propios pensamientos. Un equipo de psicólogos de la Universidad de Virginia y de la Universidad de Harvard encontraron recientemente que a los voluntarios les desagradaba sentarse solos incluso durante solo seis minutos sin nada que hacer excepto pensar. Les gustaba más realizar actividades externas y mundanas. Incluso preferían administrarse descargas eléctricas si no tenían otra cosa que hacer.

La explicación completa de cualquier fenómeno biológico, incluida la creatividad tanto en la ciencia como en las hu-

* *A mind is its own place, and in itself / Can make a Heav'n of Hell, and a Hell of Heav'n.*

manidades, implica tres niveles de pensamiento. Primero, para cualquier entidad viva o proceso concebible (un pájaro que emprende el vuelo, un lirio que crece hacia el sol, el lector al leer esta frase), la primera pregunta ha de ser *¿Qué* es esto? Proporcionar la estructura y las funciones que definen el fenómeno. Si implica música o teatro, toquémosla o representémoslo. El segundo nivel es la pregunta *¿Cómo* se ensambló? ¿Qué hizo que llegara a ser? ¿Cuáles fueron los acontecimientos que resultaron en las condiciones de su origen, ya fuera hace diez segundos o hace mil años? El tercer nivel, y el último, es *¿Por qué* el fenómeno y sus precondiciones existen, para empezar? ¿Por qué no un modo de evolución diferente no presente en este planeta que podría haber producido un tipo diferente de cerebro pensante?

Los científicos estudian fenómenos vivos a todos estos tres niveles. Como norma, eligen entidades y procesos que implican el qué, cómo y por qué en cualquier detalle y en cualquier dimensión que se encuentren a su alcance.

Sin embargo, los biólogos, quizá más que otros científicos, estiman necesario buscar la causa y el efecto a todos estos tres niveles. Las causas que producen un fenómeno vivo, como el vuelo de un ave o nuestra percepción de los colores de una flor, se denominan *causas próximas*. Los acontecimientos que guiaron la evolución del fenómeno hasta su estado presente se llaman *causas últimas*. Las causas próximas son el *qué* y el *cómo* de una explicación completa. Las causas últimas son el *porqué*.

Las explicaciones científicas de la vida orgánica, incluida la vida humana, implican de forma rutinaria tanto causas próximas como últimas. En cambio, las explicaciones que rigen las indagaciones en las humanidades tratan, en el mejor de los casos, únicamente de explicaciones próximas. La causación última tiende a dejarse al Dios del Génesis, o a antiguos visitantes extraterrestres, o a un *mysterium tremendum et fascinans** que se imagina que reside en lo más profundo de la mente humana. Tomemos como ejemplo al azar el color rojo del pétalo de una flor situado frente al lector. El color rojo, como todas las demás tonalidades, se distingue por la estimulación de un fragmento determinado del espectro electromagnético que compone el espectro visual. Los receptores son los conos sensibles al rojo de la retina. Estos transmiten señales a un centro de preparación en la corteza cerebral, y desde allí las señales se dirigen en relevos a la parte posterior de la corteza, y después a unidades integradoras de percepción y emoción, y finalmente de nuevo a los centros del prosencéfalo consciente, que harían que el lector dijera «rojo» (o quizá *rot*, o *red*, o *rouge*, o *krasnyy*, o *bombu*, en función de su idioma nativo).

Habiendo llegado hasta aquí, en las últimas décadas los científicos han seguido la pista de los segmentos interactivos del ADN que componen los genes que prescriben el reconocimiento de los colores.

Así, la investigación científica nos ha acercado a la solución de la primera línea de misterios en la visión del color en los humanos. Pero ahora el camino está expedito para la pregunta todavía más profunda de la causación última: ¿por qué los humanos podemos ver un determinado espectro de color, pero no podemos ver el infrarrojo, o el ultravioleta, u otras frecuencias fuera del estrecho segmento del espectro electromagnético que produce la luz visible? Y, más profunda todavía: ¿por qué es el ADN, y no ninguna otra sustancia química codificada, la que prescribe la visión de los colores y todos

* Misterio tremendo y fascinante. (*N. del t.*)

los demás procesos de la vida en la Tierra? ¿Cabría esperar encontrar códigos fundamentalmente diferentes en exoplanetas que tuvieran vida? Y, para empezar, ¿por qué vemos colores, en lugar de solo matices de luz y oscuridad?

Las respuestas a estas preguntas de *por qué* aguardan la reconstrucción de la Prehistoria, durante la cual nuestra especie evolucionó a partir de homininos anteriores, y todavía mucho más atrás, hace decenas de millones de años, cuando las propiedades básicas de nuestro cerebro y nuestros sentidos actuales fueron modeladas dentro de los primates ancestrales más antiguos.

Tradicionalmente, los estudiosos de las humanidades se han limitado al *qué*. Han tocado ligeramente el *cómo*. Rara vez se han aventurado en el mundo del *porqué*. Se basan en las particularidades biológicas de los sentidos y las emociones que ya estaban en su sitio en los albores del Neolítico, hace unos diez mil años; de ahí el contenido casi exclusivamente contemporáneo de las humanidades: las artes creativas, la lingüística, la historia, la jurisprudencia, la filosofía, el razonamiento moral y la teología.

Podría parecer (quizá un término mejor sería «considerarse») que el conjunto humano de intelecto y emociones es el único que pudo haber alcanzado la creatividad. Podría parecer que este rasgo característico de nuestra especie, que tardó casi cuatro mil millones de años en desarrollarse, requiriera alguna característica única de la evolución, o bien que la mano de Dios se extendió especialmente hacia nuestro linaje.

Dicha suposición, que ha dominado durante milenios el pensamiento religioso, sería, casi con toda seguridad, errónea. Es fácil encontrar en la naturaleza trampolines alternativos en organización social avanzada, algunos de los cuales, con el tiempo, podrían haber virado en la evolución hacia el nivel humano. Considérense los termes, notables constructores de termiteros, cuyo nombre técnico es macrotermitinos, de África y Sudamérica. Sus nidos de tierra, de varios pisos, construidos con suelo y heces, bullen con poblaciones de cientos de miles a millones de individuos, y en algunos lugares se elevan por encima de la cabeza de un humano. Al igual que las de los humanos, sus moradas están exquisitamente bien diseñadas. En algunas especies, los nidos gozan de aire acondicionado mediante complejos sistemas de conductos por los que continuamente circula aire fresco procedente de la superficie del suelo circundante, y aire usado, mediante convección térmica, procedente de los abundantes habitantes del termitero que no cesan de entrar y de salir del mismo. Cada colonia de macrotermitinos contiene un proletariado de obreros estériles y sus dos progenitores, una pareja real responsable de toda la reproducción. ¿Cómo es esto posible? La enorme reina, del tamaño de nuestros pulgares, pone un torrente continuo de huevos minúsculos. Los obreros se dividen el trabajo por división en castas físicas, entre las que se cuenta un gran ejército de soldados de cabeza grande y feroces hasta el suicidio. (En Surinam, una vez necesité asistencia para poder extraer sus mandíbulas en forma de cimitarra de la membrana interdigital de mi pulgar derecho.)

Los habitantes permanecen bajo tierra dentro del termitero y del laberinto de galerías y cámaras, de varios metros de profundidad, excavadas bajo el termitero, con un par de excepciones notables: los vuelos de las reinas vírgenes y de sus machos consortes que establecen nuevas colonias, y los enjambres de obreros que salen de noche en busca de fragmentos de vegetación muerta. Si acercamos una oreja a los termiteros (¡no demasiado cerca!), se oye el leve zumbido que producen incontables pisadas diminutas. La cosecha nocturna se utiliza para hacer crecer un hongo comestible en jardines subterráneos.

Los macrotermitinos son verdaderos superorganismos. La inteligencia colectiva de cada una de las colonias se encuentra todavía muy por debajo del nivel de los humanos y de otros animales, incluso por debajo de la mayoría de aves, pero muy por encima de los insectos solitarios. Pero su creatividad sigue siendo cero. Supongamos que a lo largo de su evolución hubieran ascendido hasta el nivel humano. Sus «termiciudades», si se me permite acuñar este término, incluirían lo siguiente: un amor a la oscuridad absoluta (y un pánico parecido al de Drácula al más mínimo atisbo de luz de día); una dieta exclusiva a base de hongos cultivados; sexo limitado a la realeza; y muerte a todos los inmigrantes potenciales, incluso de la misma especie. Los enfermos y los heridos de la colonia serían comidos de manera rápida y perentoria; no habría hospitales, ni piedad.

Considere el lector lo que sigue. Es probable que en un siglo o dos la tecnología espacial pueda proporcionar una primera mirada cercana a exoplanetas, los planetas de otros sistemas estelares. Es seguro que seguiría una búsqueda intensiva de evidencias de vida. Si se encuentra vida, y una o más especies inteligentes, deberíamos estar preparados para... bueno, para todo.

2

El nacimiento de las humanidades

Las humanidades no nacieron de la épica oral de la Grecia micénica, de la primera escritura sumeria presionada sobre tabletas de arcilla ni de los ídolos de dioses del Egipto predinástico. Todos estos rudimentos tienen menos de diez milenios, solo un parpadeo en la historia de nuestra especie. Ni tampoco encontraremos el alba de las humanidades en las pinturas rupestres de Chauvet y Sulawesi, ni en las flautas de huesos de ave del Jura suabo. Estos artefactos, los más antiguos conocidos de su clase, se construyeron hace poco más de treinta milenios.

El nacimiento de las humanidades se produjo mucho más atrás en el tiempo, hace cerca de mil milenios, y tuvo lugar en el lugar y la circunstancia que, si reflexionamos, parece la más lógica: a la luz nocturna de una hoguera de los primeros campamentos humanos.

Esta es la reconstrucción que ha descifrado un conjunto diverso de investigadores en paleontología, antropología, psicología, ciencia del cerebro y biología evolutiva. La investigación forma parte de la búsqueda del origen de la propia especie humana, un santo grial tanto de la ciencia como de las humanidades. Es un recordatorio de que la historia es el relato de la evolución cultural, mientras que la prehistoria es el de la evolución genética. La prehistoria nos dice no solo qué ocurrió antes de la historia cultural, sino también por qué la especie humana como un todo siguió una determinada trayectoria, y no otra.

Contemplemos por un momento el tiempo profundo. Con el fin de comparar diversas trayectorias que se podrían haber seguido, los investigadores tienen a su disposición un gran número de primates actuales del Viejo Mundo. Entre estos sujetos se hallan los monos y los simios, nuestros primos filogenéticos supervivientes más cercanos. A su vez, estos incluyen estadios cercanos a lo que más probablemente fue la precondición humana.

Como biólogo centrado en la evolución social he tenido el placer de observar a dos especies en la naturaleza: cercopitecos verdes y papiones. He pasado también tres días en medio de una población semisalvaje de macacos bunder o rhesus, tutelados por el primatólogo pionero Stuart Altmann. He almorzado en el Centro Yerkes de Investigación de Primates, de la Universidad Emory, con Kanzi, un bonobo muy estudiado criado en cautividad. Se considera que la especie de Kanzi, que antes se denominaba chimpancé pigmeo, es la más parecida a los humanos de todos los primates.

Estudios especializados de estas especies y otras parecidas han revelado que la mayor parte de su tiempo la pasan explorando su entorno en busca de comida. Una proporción más pequeña se dedica a interacciones sociales, entre ellas establecimiento de vínculos, dominancia y sumisión, acicalamiento, cortejo, apareamiento, tratamiento de las crías, descubrimiento y obtención de comida, liderazgo y conformidad.

Estudios por parte de expertos de cada uno de los monos y simios del Viejo Mundo se han centrado cada vez más en lo que cada miembro del grupo aprende mientras observa e interactúa con otros miembros. El centro de interés es cómo el animal usa esta información social. Cuando imita a un compañero del grupo, preguntan los científicos, ¿qué es exactamente lo que imita, los movimientos exactos del compañero del grupo o las consecuencias de sus movimientos? Si, por ejemplo, el compañero levanta un matojo de hierba para recolectar saltamontes para un refrigerio, ¿qué aprenderá el observador de esta acción, que la hierba levantada produce comida o, alternativamente, que el acto de levantar la hierba produce comida?

En la medida en que el individuo conoce a cada uno de los compañeros de grupo como individuos, y puede comprender y predecir su comportamiento, y además comprende cuáles serán probablemente las consecuencias, puede usar este conocimiento para su propia ventaja personal. Y lo que es más importante para el grupo, el animal que observa sabe cómo, cuándo y si competir o cooperar. La interacción informada entre competencia y cooperación es el volante de una organización social exitosa.

Los primates sociales, desde los langures y los macacos en el extremo inferior, hasta los chimpancés y los bonobos, en el extremo superior, tienen un cerebro lo bastante grande para percibir el estado de ánimo y la respuesta probable de un compañero de grupo ante una variedad de situaciones. Un miembro de una sociedad tan bien organizada conoce su lugar y responde en consecuencia y de manera precisa desde un intercambio al siguiente. El miembro con más éxito de una sociedad estable tiene un fuerte sentido de empatía. Puede ver lo que ven los demás, sentir lo que sienten, y evaluar su respuesta con precisión: cuándo avanzar y cuándo retirarse, a quién acicalar y a quién evitar, a quién desafiar y a quién apaciguar.

La empatía, la inteligencia para leer los sentimientos de los demás y predecir sus acciones, no es lo mismo que la simpatía, la preocupación emocional que se siente por el apuro de otro combinada con un deseo de proporcionar ayuda y asistencia. Sin embargo, está muy relacionada con la simpatía, y condujo a la simpatía en el decurso de la evolución humana.

De ahí se sigue que la mejor manera en que un científico puede estudiar el comportamiento social de los primates es entrar en su vida con empatía y simpatía deliberadas, conocerlos individualmente con tanto detalle y tan cerca de ellos como sea posible. Frans de Waal, el principal experto en el comportamiento social de los chimpancés, manifiesta como sigue su credo investigador:

> Mi profesión depende de estar en armonía con los animales. Sería terriblemente aburrido observarlos durante horas sin ninguna identificación, ninguna intuición acerca de lo que está ocurriendo, sin altibajos relacionados con sus altibajos. La empatía es mi manera de ganarme el pan, y he hecho muchos descubrimientos siguiendo de cerca la vida de los animales e intentando comprender por qué actúan de la manera que lo hacen. Esto requiere que me meta bajo su piel. No tengo ningún problema en hacerlo, en amar y respetar a los animales, y creo que esto me hace un mejor estudioso de su comportamiento.

Los animales sociales que se hallan en nuestro nivel o cerca del mismo están programados para ser así. Los neurobiólogos han llegado a reconocer la existencia de tres rutas neurales activadas en el cerebro de los humanos y de otros primates avanzados durante las interacciones sociales. La primera es la mentalización, en la que se forman objetivos y se planean actividades apropiadas para alcanzarlos. La segunda es empatizar, ponerse en la piel de otro para acceder a sus motivos y sentimientos y anticipar sus acciones futuras. La empatía es una especie de juego, mediante el cual el individuo se comunica con el grupo, y de este modo el grupo se organiza.

Finalmente, está la representación, por la que el individuo siente el estado de ánimo y las emociones de otro, y los experimenta en cierto grado. La representación conduce fácilmente a la imitación de las estrategias que tienen éxito por parte de otros. También es parte de la puerta a la simpatía y, al menos entre los seres humanos, a lo que hemos llegado a atesorar como la cualidad de la consideración.

Es evidente que empatía y representación han evolucionado hasta un grado que corresponde a la cantidad media de tiempo que los miembros de un grupo interactúan entre sí. Las medidas del tiempo demuestran que dicha correlación existe. Los papiones o babuinos amarillos (*Papio cynocephalus*) que se mueven libremente por la sabana invierten menos del 10 por ciento de su tiempo socializando y el 60 por ciento buscando comida y comiendo. Los monos verdes (*Cercopithecus aethiops*) pasan el 40 por ciento de su tiempo buscando comida y comiendo, y menos tiempo que los papiones socializando.

Los seres humanos pasan muchísimo más tiempo socializando que estos primates (y otros) del Viejo Mundo. Aunque sus agendas varían muchísimo en función de su ocupación, las personas siempre han tendido a encontrarse en grupos y a dedicarse a intercambios sociales entre intervalos de soledad. En el mundo desarrollado, la vida social se ha expandido de manera casi interminable mediante los espectáculos públicos y los medios de comunicación sociales.

¿Fue el carácter gregario de los humanos la fuerza impulsora darwiniana que condujo a nuestros niveles elevados de inteligencia social, en particular la empatía, la representación y la solución de problemas? Sí, pero el carácter gregario fue solo una parte del proceso evolutivo que creó la condición humana. Para el relato completo, hemos de acudir al origen único del comportamiento social en los homininos ancestrales hasta la época actual, tal como los expertos lo han interpretado. El acontecimiento notable fue un aumento importante del tamaño del cerebro, que afectó principalmente al lóbulo frontal. A partir de un inicio hace unos tres millones de años, la capacidad craneal de nuestros antepasados prehumanos aumentó desde la correspondiente al chimpancé, de 400 centímetros cúbicos (cc), hasta los 600 cc de los habilinos (*Homo habilis*), y después, hace aproximadamente un millón de años, hasta los 900 cc de nuestros antepasados directos, *Homo erectus*, y finalmente hasta el nivel moderno (alrededor de los 1.300 cc) en *Homo sapiens*.

En el proceso de la evolución mediante selección natural, tal como ocurre en la vida cotidiana, acontecimientos pequeños pueden tener consecuencias grandes, incluso muy grandes. El acontecimiento pequeño en la evolución prehumana parece que fue el paso de una dieta primariamente vegetariana (frutos, semillas, hojas blandas) a una dieta con mucha más carne. El paso resultó más fácil por el hábitat en el que tuvo lugar. La sabana africana es una enorme extensión de pradera tachonada con bosques de ribera y bosquecillos de árboles tropicales. La recolección de carne resultó más fácil por la presencia de animales a los que era fácil seguirles la pista (por parte de los que saben cómo hacerlo) a través de las llanuras abiertas. Fue favorecida, además, por la frecuencia de incendios provocados por la caída del rayo, lo que atrapaba y mataba a muchos de los animales que huían. Los incendios cocinaban asimismo a algunas de las víctimas, lo que proporcionaba alimento rico en energía, en proteína y en grasa y que era fácil de masticar.

Al tiempo que ocurría el cambio, necesitó una alteración de todo el sistema gastrointestinal, desde la boca al ano. También impulsó a los ancestros australopitecinos a hacerse más sociales. Mientras que los simios y monos vegetarianos tienden a buscar y a comer de manera independiente, se hizo necesario que nuestros antepasados cooperaran más estrechamente durante las incursiones. Después, cuando se encontraba una pieza grande de comida, ya fuera carroña o una presa abatida, esta tenía que compartirse de manera que se evitara un combate potencialmente letal. La caza y el carroñeo de animales grandes, en oposición a la recolección de material vegetal, requirió además un lugar de cita comunal, o una guarida, o ambas cosas.

Finalmente, para rematar este cambio adaptativo (como lo denominan los biólogos evolutivos), la ventaja del carnivorismo resultó reforzada por el control del fuego. Es fácil obtener troncos y ramas encendidos de un incendio forestal cercano y transportarlos hasta un campamento. Yo lo hice cuando era un niño explorador en el borde de un fuego que se apagaba en la sabana con pinos de Alabama. Descubrí que mientras que las fogatas de campamento que no son vigiladas atentamente pueden provocar incendios forestales, la inversa también es cierta: se puede recolectar fuego y llevarlo al campamento. No hubo realmente necesidad de que los prehumanos encendieran fuegos sobre material inflamable provocando chispas con pedernales o haciendo girar leña.

Los expertos creen de manera general que los antepasados habilinos de la humanidad moderna siguieron esta situación hipotética de carnivorismo y de este modo de evolución radical del tamaño del cerebro y de inteligencia social. La teoría todavía no se ha demostrado de manera concluyente, pero está respaldada por la evidencia fósil de campamentos y fuego controlado en *Homo erectus*, un descendiente de *Homo habilis* y antepasado directo de nuestra propia especie.

Remontémonos más en el pasado, en la historia genética todavía más profunda. Hace unos seis millones de años, una especie de simio antropoide que vivía en la sabana africana se dividió en dos especies. Una condujo al linaje del chimpancé, que estaba destinado a dividirse de nuevo en las dos especies modernas, el chimpancé «común» y su primo más parecido a los humanos, el bonobo. El otro linaje de la subdivisión, que avanzó a través del laberinto evolutivo de las especies de australopitecinos y después de las múltiples especies de *Homo*, dio como resultado la humanidad moderna, que comprende la especie única, destinada a ser apocalíptica, de *Homo sapiens*.

Debido a la estrecha relación genética entre chimpancés y humanos (compartimos más del 98 por ciento de nuestros genes por origen común), los científicos han estudiado intensamente a estos simios por lo que pudieran revelar acerca del origen de la mente y la inteligencia social de los humanos.

Los científicos han encontrado que los chimpancés individuales conocen plenamente a los demás miembros del grupo. Se comportan según su propio rango y sus relaciones entre los compañeros del grupo. Tienen un CI* sorprendentemente elevado. Pueden aprender secuencias de números,

* Coeficiente de inteligencia. (*N. del t.*)

por ejemplo «64136...», más rápidamente, y recordarlos mejor que los humanos. Puesto que los chimpancés que viven en la naturaleza pasan la mitad de su tiempo en los árboles, esta capacidad bien pudiera ser una adaptación para recordar rápidamente y evaluar las ramas de los árboles, y la mejor secuencia que puede sostener el peso del chimpancé. Su aritmeticidad también tuvo que serles útil a la hora de seguir sendas holladas a lo largo del suelo en un ambiente repleto de depredadores grandes. Leones, cocodrilos y, por encima de todo, letales leopardos capaces de trepar a los árboles (cada uno de ellos maestros de las emboscadas con sus propias técnicas), se encuentran casi por todas partes, ocultos y a la espera.

Pero, aunque son muy inteligentes en al menos un aspecto, los chimpancés puntúan muy por debajo de los humanos en otros. Viven el día a día. No pueden planificar sus acciones ni siquiera para el día siguiente, mientras que los humanos pueden construir situaciones hipotéticas situadas a distancias de miles de años en el futuro y a millones de kilómetros en el espacio. Cuando se les suministran pinturas y pinceles, los chimpancés pueden pintar cuadros, pero no tan bien como los humanos de cualquier edad más allá de la infancia. Por ejemplo, los chimpancés pueden dibujar espontáneamente el perfil de una cara, pero no los detalles de su interior, una hazaña que cualquier niño pequeño humano realiza sin esfuerzo.

Los chimpancés también se quedan cortos en la capacidad de cooperar o de actuar de manera altruista. Brian Hare y Jingzhi Tan, neurocientíficos de la Universidad de Duke, han resumido la evidencia para los chimpancés y los bonobos. Observaron que, aunque los simios cooperan fácilmente con sus compañeros de grupo en un comportamiento mutuamente beneficioso, solo pueden hacerlo para unas pocas tareas relativamente sencillas.

> Sospechamos que no es una tendencia a actuar de manera altruista lo que hace que los humanos sean únicos. En cambio, parece más probable que nuestra especie sea inusualmente cooperativa debido a nuestra flexibilidad para evitar ayudar a un coste elevado (es decir, nocivo para el éxito reproductivo), al tiempo que se reconoce el beneficio de los esfuerzos mutualistas...[1]

Para expresar este tema cada vez más complejo de la manera más sucinta posible, los antepasados de nuestra especie desarrollaron la capacidad intelectual para conectarse con otras mentes y para concebir tiempo y distancia ilimitados y resultados potenciales. Este alcance infinito de la imaginación, para decirlo de manera simple, es lo que nos hizo grandes.

Psicólogos y neurobiólogos nos han llevado hasta aquí en el *qué* y el *cómo* del éxito humano. Es necesario que perseveremos para completar, si es posible, la explicación última de nuestro origen. *¿Por qué* ocurrió? *¿Por qué* hay humanos, para empezar? Sabemos, o creemos saber, de qué manera una dieta parcialmente carnívora condujo a grupos prehumanos a campamentos y a un aumento de la empatía, a la capacidad de imitación y a la cooperación. Pero *¿por qué* estos cambios condujeron a triplicar el tamaño del cerebro, el crecimiento evolutivo más rápido de todos los tiempos de un órgano complejo?

La respuesta, al menos según unos cuantos antropólogos han acabado por creer, se halla realmente a plena vista. Ya la han proporcionado las sociedades de cazadores-recolectores que todavía se hallan entre nosotros en todo el mundo. La formación de un campamento y el control del fuego hacen que el grupo se mantenga estrechamente unido en las largas horas del atardecer antes de dormir. No cazan ni recolectan, ni tienen ninguna otra razón para aventurarse en la oscuridad que los rodea. Se juntan y comunican porque no hay ninguna otra cosa que hacer. Este período en el ciclo diario es el momento para contar historias, aumentar la condición social, reforzar alianzas y ajustar cuentas. El fuego es el que da la vida. Caldea y alimenta a la gente. Crea un santuario de luz, alrededor del cual los depredadores nocturnos dan vueltas, pero no se atreven a entrar. La luz del fuego es el Prometeo que iluminó a los dioses e hizo que la humanidad se acercara a ellos.

Para la comprensión actual de nosotros mismos, es de suma importancia estimar qué es lo que los humanos ancestrales decían y hacían a la lumbre del fuego de campamento. La antropóloga Polly W. Wiessner realizó recientemente un registro exhaustivo de la charla alrededor de las fogatas de los más famosos cazadores-recolectores de la Tierra, los Ju/'hoansi (bosquimanos ¡Kung) del desierto de Kalahari. Wiessner encontró diferencias entre la «charla diurna» y la «charla a la luz de la hoguera» que eran incluso más sorprendentes de lo que se imaginaba anteriormente. La charla diurna se centra en aspectos prácticos de los viajes y de la búsqueda de comida y agua. Las personas que trabajan juntas hablan acerca de la comida que buscan. También chismorrean de acá para allá de una manera que contribuye a estabilizar sus redes sociales. El tema de conversación es muy personal. Dada la cualidad rigurosa de la existencia de los Ju/'hoansi, su charla está impregnada de alternativas de vida y muerte. La conversación también es práctica. No se desvía mucho, ni se extiende en la imaginación y fantasías que son posibles en los períodos de ocio.

Al atardecer, el estado de ánimo se relaja. Al claroscuro de la luz de la fogata, la charla deriva hacia la narración, que fácilmente da paso al canto, al baile y a las ceremonias religiosas. Las narraciones, especialmente entre los hombres, giran con frecuencia alrededor de cacerías con éxito y de aventuras épicas, su actividad dominante durante el día. Tal como describió Elizabeth Marshall Thomas en su clásico de 2006, *The Old Way: A Story of the First People*, los relatos son (o eran antaño) por lo general relatos de tipo mítico de cacerías reales. Los recitaban una y otra vez los hombres con voces especiales, que se convertían casi en cantos, que todos escuchaban. Sigue a continuación uno de tales relatos, en las palabras reales del cazador, de cómo un antílope es abatido por una flecha envenenada. Me gusta especialmente, incluso en su traducción, porque podría ser una actuación representada cien mil años atrás. De la misma manera que los paleontólogos reconstruyen especies animales extinguidas a partir de sus esqueletos, parece posible reconstruir la vida social antigua a partir de estos progenitores menos evolucionados.

> *¡Ay! ¿Qué? ¿Es esto una oreja? ¡Sí, una oreja! Aquí está su oreja contra el cielo, está en los matorrales, aquí mismo, en el borde de los matorrales. Lo observo. Sí, se mueve, se gira un poco, un poco, ¡hola!, levanta la cabeza, está preocupado, olisquea, ¡lo sabe! Él mira, yo estoy tendido ahora, estoy tendido, muy silencioso, tendido, ¡no me ve! Está seguro, piensa. Se gira. Estoy detrás suyo. Avanzo arrastrándome, ¡eh!, me arrastro, me arrastro, estoy solo a esta distancia, ¡eh!, solo hay esta distancia desde donde estoy hasta allí, silencioso, silencioso, estoy en silencio, avanzo lentamente, tengo mi arco,*

preparo la flecha. ¡Ay! Disparo. ¡Anda! ¡Le he dado! Salta. ¡Ja, ja! ¡Salta! Corre. ¡Ha desaparecido! Le di. Justo aquí, justo aquí penetró la flecha. Saltó, corrió hacia allí, se fue hacia allí, pero lo cacé.[2]

La narración, que incluye relatos especialmente registrados de cacerías con éxito y aventuras épicas, consumía el 6 por ciento de todo el tiempo grabado durante el día, pero consumía el 81 por ciento del tiempo del atardecer. El objeto general era transmitir el panorama general de la existencia del grupo. Los unía en una comunidad basada en normas con una cultura única. Tal como explicó el anciano Di/xao en un relato previo de los Ju/'hoansi: «Hace mucho tiempo nuestro antiguo pueblo tenía un gobierno, y fue un rescoldo del fuego de donde vivimos la última vez lo que usamos para encender el fuego en el nuevo lugar al que íbamos».

3

Lenguaje

Los Ju/'hoansi son completamente humanos. Poseen una historia que llevan en su cabeza. Saben quiénes son. Su gran prosencéfalo* se halla en un equilibrio inseguro sobre el mismo cuello delgado y vertical que el de cualquier ciudadano que habite en una ciudad. Su especie (nuestra especie) está dotada de manera única de lenguaje, el mayor avance evolutivo desde la célula eucariota.

Muy pocas especies animales poseen una cultura rudimentaria. Una tropilla local de macacos japoneses** ha aprendido, a partir del ejemplo que les proporcionó una hembra innovadora de su grupo, cómo limpiar boniatos lavándolos en el agua. Igualmente impresionante, miembros de al menos una tropilla de chimpancés emplean ramitas de matorrales a las que han arrancado las hojas para pescar termes soldados, los insectos luchadores, agresivos hasta el suicidio, que mencioné anteriormente y que muerden y quedan agarrados a

* Cerebro anterior. (*N. del t.*)
** *Macaca fuscata*. (*N. del t.*)

cualquier invasor de su termitero. Miembros de un segundo grupo de chimpancés han aprendido de otro cómo nadar y bucear o a moverse de alguna otra manera en el agua. Estos son algunos de los rarísimos ejemplos de verdaderas culturas: comportamiento inventado por individuos y grupos y transmitido por el aprendizaje social de otros. Pero ninguna especie animal, al menos ninguna de las más de un millón que conocemos, posee un lenguaje. Así pues, ¿qué es el lenguaje?, ¿qué es exactamente? Los lingüistas lo definen como la forma más elevada de comunicación, una combinación infinita de palabras que son traducibles en símbolos, y (esta es la parte importante) escogidas arbitrariamente para conferir significado. Se usan para etiquetar cualquier entidad y proceso concebible, o uno o más atributos que definen la entidad y el proceso.

Cada sociedad posee uno o más lenguajes. En el momento presente, existen alrededor de seis mil quinientos lenguajes, dos mil de los cuales se usan cada vez menos y se hallan en peligro de extinción. Algunos son hablados por no más de una docena de supervivientes.

El lenguaje es necesario para la existencia humana, pero en cierto modo es completamente diferente del servicio que nos proporciona nuestra columna vertebral, nuestro corazón y nuestros pulmones. Es la base de la sociedad, desde la más simple a la más compleja. Al hacer posible la indagación y el conocimiento, nuestras mentes son capaces de viajar con la velocidad del rayo a través del espacio y el tiempo y, con precisión científica creciente, visitar cualquier lugar del planeta, y más allá. Se considere con cualquier medida de liberación y apoderamiento con que se considere, el lenguaje no es solo una creación de la humanidad, *es* la humanidad.

El lenguaje, tanto entre los Ju/'hoansi como en los neoyorquinos, es la sustancia del pensamiento inteligente. Relata episodios del pasado y los que son imaginables en el futuro; entre ellos se hacen elecciones que constituyen decisiones a las que denominamos «libre albedrío». La mente reúne experiencias y construye narraciones a partir de ellas. Nunca descansa. Evoluciona continuamente. A medida que las narraciones antiguas se desvanecen con el tiempo, otras nuevas se extienden sobre ellas. Al nivel más elevado de creatividad, todos los seres humanos hablan y cantan, y relatan narraciones.

Si el lenguaje es universal, ¿es cultural o instintivo? Muchos estudios independientes de desarrollo infantil han demostrado que el lenguaje es ambas cosas. Es decir, el lenguaje es globalmente el mismo que la forma en que se inició su capacidad. En el vocabulario adquirido, en cambio, el habla es aprendida casi por entero, de ahí que varíe de manera drástica de una cultura a otra. Aun así, incluso entre las sociedades culturalmente avanzadas, el empleo del colorido emocional por la melodía y el ritmo ha seguido siendo el mismo. (Para un ejemplo de esto último, *Permíte*me que me explique, por favor. Permíte*me* que me explique, por favor. Permíteme *que me explique*, por favor. Permíteme que me explique, *por favor*.)

Las normas gramaticales, por otro lado, son aprendidas en su mayor parte. La teoría de un lenguaje universal, que Noam Chomsky propuso e hizo famosa a mediados del siglo XX, era tan compleja y necesitaba tanta jerga para expresarse que escapaba de la indignidad de ser entendida, y en años recientes ha sido abandonada en gran parte por falta de evidencia por parte de los investigadores de psicología lingüística.

La adquisición del lenguaje se desarrolla como cualquier instinto, como una serie de pasos predecibles. La fase formativa inicial y clave de su ontogenia es el balbuceo de los infantes. Incluso los recién nacidos, tan pronto como a las doce horas de haber salido del seno materno, reaccionan a palabras habladas, pero no a otros tipos de sonidos igualmente fuertes. Los sonidos infantiles que producen posteriormente no se les han enseñado, sino que surgen de forma autónoma. Incluso niños ciegos y sordos balbucean en ausencia de estimulación audiovisión externa. Unas pocas palabras iniciales, entre ellas *mamá* y *papá*, sirven como atrayentes innatos para los adultos, que responden con atención y amor.

En el habla de los adultos, cada una de las palabras puede ser peculiar del idioma que se habla, de ahí que sea cultural en origen, pero el tono y la emoción han permanecido programados y universales durante la evolución genética. Las personas pueden escuchar textos en lenguajes desconocidos, pero pueden comprender el estado de ánimo del orador, una conclusión que viene avalada por la experiencia común pero también por evidencia experimental. En un caso notable, los psicólogos pudieron desentrañar el efecto mediante el empleo de representaciones teatrales de dramas. El experimento, tal como informaba Irenäeus Eibl-Eibesfeldt, un investigador pionero del instinto humano, merece ser citado completo:

> K. Sedlaček e Y. Sychro hicieron interpretar la frase *Tož už mám ustlané* («La cama ya está hecha») de la obra de Leos Janaček *Diario de un desaparecido* a 23 actrices diferentes. En esta frase, la gitana Zefka seduce al joven pueblerino Janiček, con lo cual el cortejo de la muchacha está acompañado de pena y resignación. A algunas de las actrices se les pidió que expre-

saran una emoción concreta (alegría, pena, neutra, prosaica), mientras que a otras se les permitió que eligieran espontáneamente, pero después se les pidió qué tipo de sentimiento querían transmitir mientras leían la frase. Las grabaciones de sus lecturas se reprodujeron ante 70 oyentes de distinto origen y nivel educativo.

La respuesta a los recitados se organizó en las siguientes categorías: 1) declaración simple; 2) amorosa; 3) alegre; 4) solemne; 5) cómica; 6) irónica y enojada; 7) afligida, resignada; 8) temerosa, asustada. Si el 60% de todas las respuestas caían en las mismas categorías, mientras que las demás se repartían de manera más o menos difusa en otras categorías, se consideraba que el ejemplo estaba colorido emocionalmente de manera distintiva. La evaluación subjetiva mostró un grado elevado de conformidad de resultados. No solo las 70 personas checas estudiadas, sino también estudiantes de Asia, África y América Latina, que no conocían el checo, determinaron de manera exacta la información efectiva a partir de la línea melódica de los recitados. Con el fin de comparar estos juicios subjetivos con datos objetivos, se registraron el tono, la frecuencia, la amplitud y los espectrogramas sonoros.[3]

Hubo un segmento de mi propia vida que me instruyó en los poderes del instinto del lenguaje. Cuando yo era muy joven experimenté una forma de privación del habla, cuya superación merece (¿qué si no?) un relato. Al final, la experiencia me enseñó muchas cosas acerca de la naturaleza, la humanidad y quién soy yo realmente.

Yo era el hijo único de unos padres que se divorciaron en 1937, en el clímax de la Depresión. En aquella época, todavía se consideraba que el divorcio era escandaloso, y la adversidad económica que causó condujo a nuestra pequeña familia al borde de la pobreza. Puesto al cuidado de mi padre, crecí casi como un nómada, me desplazaba casi anualmente y asistí a catorce escuelas en Washington D. C., y en localidades dispersas por los estados sureños profundos. Entre ellas: Biloxi, en Misisipi; Atlanta, en Georgia; Orlando y Pensacola, en Florida; y Brewton, Decatur, Evergreen y Mobile, en Alabama.

Yo compensaba esta existencia peregrina descubriendo el entorno salvaje o semisalvaje más cercano a distancia a pie o en bicicleta, y después explorándolo en busca de insectos y reptiles. Cuando tenía diez años, aterrizamos en una residencia que se hallaba a solo algunas manzanas del parque Rock Creek de Washington, que decidí explorar armado con un cazamariposas y una guía de campo de insectos. Tenía héroes en los que inspirarme. Entre ellos se contaban los científicos de los que había oído que moraban como dioses en el piso superior del cercano Museo Nacional de Historia Natural, así como los autores del *National Geographic*. En particular, estaba William M. Mann, cuyo artículo de 1934 «Acechando hormigas: salvajes y civilizadas» resultó transformador. Posteriormente, cuando mi padre, su nueva esposa y yo vagábamos como inmigrantes por todo el sur, hice algunos buenos amigos de mi edad, pero, principalmente por preferencia, exploraba solo las áreas naturales. Cuando se acercaba mi graduación del instituto, que en aquella época resultó ser en Decatur, Alabama, supuse que de alguna manera iría después a la universidad, y a continuación haría carrera como entomólogo... para poder estar siempre al aire libre, explorando tierras salvajes desconocidas, cada vez más lejanas, para alcanzar finalmente lo que yo llamaba los «grandes trópicos», las selvas del Amazonas y del Congo.

Sin embargo, mis perspectivas para tal carrera eran bastante más reducidas de lo que en aquella época pensaba. Mi expediente escolar era incompleto, mis notas eran mediocres y salpicadas de ausencias y suspensos. La Universidad de Alabama me salvó (y con ello me hizo un exalumno absolutamente leal hasta el día de hoy). Por aquel entonces, según la ley estatal, los requerimientos de la universidad para ser admitido eran solo dos: ser graduado de un instituto y residente en Alabama. Lo hice lo bastante bien para terminar en un programa de doctorado en la Universidad de Tennessee en Knoxville, y un año después en la Universidad de Harvard para completar la tesis doctoral y el resto de mi carrera como miembro del claustro de profesores.

Para cuando me fui al programa de doctorado de Harvard, los sueños de carrera de mi adolescencia se habían hecho todavía más fuertes. Conservé mi preferencia por la exploración solitaria. Con ayuda de becas, dispuse de los medios para viajar a lo que llamaba los «grandes trópicos» verdaderos, las regiones de la Tierra más extensas y menos perturbadas, con las mayores faunas y floras. Entonces, y después en mis años postdoctorales, mientras era un veinteañero, pude hacer trabajo de campo en diversas localidades de México, América Central, la Amazonia brasileña, el interior de Australia, Nueva Guinea, Nueva Caledonia y Sri Lanka.

Descubrí que la soledad prolongada en lugares extraños sin contacto humano, incluso por unas pocas horas cada vez, podía ser peligroso desde el punto de vista físico, pero también improductivo de ideas y descubrimientos. La mayoría de personas, me di cuenta de ello en aquel entonces sin comprender la razón, tienen una necesidad imperiosa de hablar mucho. Lo hacen durante un rato cada día, si es posible con frecuencia y, para mí, al menos mientras me encontraba solo en áreas vírgenes, constantemente. De modo que desarrollé un *alter ego* durante el trabajo de campo solitario en los lugares extraños y distantes que visité. Esta persona no tenía nombre, ni era en modo alguna una entidad independiente (yo no estaba loco). Mi *alter ego* era, para decirlo simplemente, solo un cambio a un estado de ánimo separado. Aparecía con cada intensificación de la comprensión de mi entorno, cada cambio forzado en la prioridad de la acción, y entonces yo me hablaba a mí mismo literalmente en palabras, pero en silencio. Así, por ejemplo, hablaba Alter Ego, siguiendo una secuencia a medida que se desarrollaba mi experiencia inconexa a lo largo del camino:

> *¡Espera! ¡Detente! No pases por alto este epífito (situado en lo alto del tronco de un árbol) aunque sea difícil de alcanzar. Podría haber algo escondido en él o sobre él que fuera realmente interesante, una colonia de hormigas o Dios sabe qué otra cosa; necesitas verlo.* [Palabrota omitida.] *No puedo alcanzarlo. Sigo adelante.* [Más tarde.] *¡Atento con lo que haces! ¡Camina con mucho cuidado! Podría haber un precipicio detrás de la espesa vegetación que hay ahí delante, a la izquierda. Ten cuidado, ten cui-da-do. Echa un vistazo. ¡Espera! ¡Mira! ¡Mira! Hay una columna de hormigas. Algo realmente nuevo. Casi oculta entre la hojarasca. Quizá sean hormigas legionarias, pero no es esto; ¿*Leptogenys *(hormigas), quizá? Acércate, acércate, con cuidado, con cuidado, podría tratarse de algo nuevo, de algo realmente nuevo.*

Hablándonos el uno al otro, yo y mi prácticamente silencioso colega de caza y consejero charlatán, efectuaba yo mi investigación de campo y absorbía la historia natural de los ambientes que visitaba. Me centraba en las hormigas, una sabia elección para el trabajo de campo. Acabé por saber que, en número, en biomasa y en distribución global, las hormigas dominan a los insectos de su clase de tamaño, y ahora, en la segunda década del siglo XXI, los especialistas han llegado a identificar 14.000 especies en todo el mundo. No soy un taxónomo, un biólogo que se especializa en clasificación, pero debido a su exuberante abundancia en todos los lugares que visité, pude a lo largo de toda una vida de trabajo de campo y de estudio de colecciones de museo recolectadas por otros, pero no estudiadas, descubrir y dar nombres científicos latinizados a 450 nuevas especies.

Mi propósito, mientras me abría paso por bosques y sabanas de todo el mundo y me hablaba a mí mismo, era encontrar tantas especies de hormigas como pudiera, pero entre ellas, y de forma más importante, especies nuevas y raras, y después descubrir tanto como fuera posible acerca de su vida social: dónde hacían el nido, su población, sus castas, su alimento, su sistema de comunicación. Cada especie era única en anatomía y comportamiento social, a veces radicalmente. Cada una era una fuente de nuevo conocimiento científico. Aprendí sobre ellas, viví virtualmente con algunas de ellas, y descubrí las adaptaciones precisas que habían hecho al ambiente natural. Fui su narrador, el primero que la gran mayoría de ellas habían tenido.

Cada una de las especies de hormigas, los científicos y naturalistas le dirán al lector, tiene su propia narración, diferente de las de todas las demás. Sus exploradores y batallones se ponen en marcha para efectuar incursiones, mientras que, en el hogar, las niñeras y las constructoras refuerzan los hormigueros y expulsan a los invasores. Y aunque la narración ha sido prácticamente la misma de un día a otro, se ha desarrollado con nuevos capítulos a lo largo de los ciclos de la colonia que pueden tardar un siglo en completarse. La narración no es de cultura, sino de evolución social genética que se extiende a lo largo de millones de años. Al ensamblar el panorama completo del comportamiento social de las hormigas, una especie tras otra, es posible reconstruir parte de la historia del mundo vivo moderno que dominan.

Ha hecho falta toda una vida de estudio, y hablar, hablar y hablar para reconocer finalmente la tribu a la que pertenecen todas las personas. Es la de los Ju/'hoansi.

4

Innovación

¿Qué es, exactamente, la literatura creativa, por qué medios el lenguaje es reproducido como arte? ¿Y cómo habremos de juzgarlo como tal? La respuesta: por su innovación de estilo y metáfora, por su sorpresa estética, por el placer duradero que proporciona. Permítaseme empezar con un ejemplo.

Un lector sabe que se halla en presencia de la grandeza cuando lee las siguientes líneas iniciales de Vladimir Nabokov:*

> Lolita, luz de mi vida, fuego de mis entrañas. Pecado mío, alma mía. Lo-li-ta: la punta de la lengua sigue un recorrido en tres pasos para terminar, en el tercero, golpeando los dientes. Lo. Li. Ta.

Para verter luz sobre la importancia infinita del estilo literario, creo que es útil añadir por comparación las primeras

* De *Lolita* (versión española de Anagrama, 1986). (*N. del t.*)

líneas de *The Corrections*, de Jonathan Franzen, ganador del National Book Award de 2011 y que ha sido aclamado de manera general por su estilo innovador:

> La locura de un frente frío otoñal que se acercaba. Podías sentirlo: algo terrible iba a suceder. El sol bajo en el cielo, una luz menor, una estrella que se enfriaba. Ráfaga tras ráfaga de desorden. Los árboles inquietos, las temperaturas bajando, toda la región septentrional de cosas que llegaban a un final. No había niños en los patios aquí. Las sombras alargadas sobre las hierbas de *Zoysia* que amarilleaban. Robles rojos y robles de los pantanos y robles blancos de los pantanos hacían llover bellotas sobre las casas sin hipoteca.

Aunque me doy cuenta de que no tengo credenciales como crítico de ficción, esto me parece una exhibición ostentosamente dolorosa de erudición por parte de un estudiante universitario de segundo año en Harvard con muchísima promesa. Uno tiene la impresión de que, como literatura, este extenso libro quizá no llegue a despegar. Para algunos lo hace; para mí, no. Las novelas de Franzen están caracterizadas por una exactitud simulada generalizada. Sus protagonistas son conducidos a través de un revoltijo de nombres de marcas, términos técnicos no definidos, alusiones a la filosofía y cualquier otra cosa con la que el autor se haya topado en sus meditaciones y que pueda añadirse a su sopa de piedra literaria. Pertenecen a una categoría que el crítico James Wood ha llamado «realismo histérico». En su torrente fracturado de consciencia hay poco conocimiento de las profundidades y raíces de la naturaleza humana, o incluso poco interés por ellas.

Pero permítaseme añadir ahora una perspectiva que de hecho encuentra valor en las siguientes novelas de Franzen,

Freedom y *Purity*,* que han sido bien consideradas, y en obras postmodernistas similares. Son etnográficas, que proporcionan descripciones de grano fino de las personalidades e historias de familias disfuncionales del Medio Oeste. Son chismorreos, desde luego (Franzen suena como si fuera nuestro locuaz amigo), que es la razón por la que a la gente le gustan tanto las biografías y la ficción escritas en primera persona. El placer es innato y muy darwiniano, y ha evolucionado a partir de la charla en la fogata de campo paleolítica que se mencionó antes. Las narraciones postmodernas y, si a eso vamos, toda la ficción que valga la pena, hacen lo que la ciencia no puede hacer: proporciona una instantánea exacta de un segmento de cultura en un lugar y un tiempo determinados. Las producciones son como fotografías que conservan para todo el tiempo no solo las personas con el aspecto que tenían en realidad, o como parecían, o incluso como eran verdaderamente, incluidos sus vestidos, posturas y expresiones faciales, pero también los entornos que eran más importantes para ellos: sus hogares, sus animales domésticos, sus transportes, sus sendas y calles. ¿Quién puede dejar de sentirse cautivado por la más antigua de las fotografías que se han conservado, la que tomó Joseph Nicéphore Niépce en 1826 o 1827, la fecha exacta se desconoce, de una escena tan mundana como un tejado de Borgoña, a la que seguirían inmediatamente escenas callejeras e incluso un transeúnte de pie, esperando en una cuneta junto a una calle vacía... para qué, hasta cuándo? A uno le sorprende cuán atrás en el tiempo ha retrocedido. Lincoln y Darwin son todavía adolescentes en

* Todas ellas vertidas al español: *Las correcciones* (Seix Barral, 2002), *Libertad* (Salamandra, 2011) y *Pureza* (Salamandra, 2015). (*N. del t.*)

este momento, Florida es todavía una tierra salvaje y ningún europeo conoce las fuentes del Nilo.

Las buenas novelas y las fotografías antiguas son píxeles de historia. Juntas, crean una imagen de existencia de cómo vivía realmente la gente, de día a día, de hora a hora, y en el caso de la literatura, de las emociones que sentían. Finalmente, buscan el origen de algunas de las consecuencias aparentemente infinitas que siguieron. Esta es la razón por la que valoramos tanto a Proust, y por la que concedemos a John Updike un nicho en el panteón por haber diagnosticado de forma brillante, tal como dijo el mismo Updike, las vidas y flaquezas de la clase media de un pequeño pueblo protestante americano. En particular, durante la parte final del siglo XX.

La innovación de este tipo en las artes creativas es importante de una segunda manera. La evolución de las artes tiene un paralelismo con la evolución orgánica en la forma en que ambas operan. Los mejores artistas e intérpretes buscan maneras originales de expresarse en imágenes, sonidos y relatos. La originalidad y el estilo lo son todo, medidos por el grado en que las innovaciones atraen la imitación. Así, el desafío del Salon des Refusés al Salon de París en 1863 es un ejemplo clásico en las artes visuales. El cubismo contra el literalismo, marcado por *Las señoritas de Aviñón*,* de Picasso, en 1907, es otro. En la cultura popular vinieron los filmes de dibujos animados en 1932 con *Árboles y flores*, de Walt Disney, y Motown a finales de la década de 1960, con una mezcla de *soul*, *blues* y *pop*. El proceso es potencialmente eterno. Más y más todavía: los logros recorrerán el corazón de los innovadores, atiesarán su columna vertebral, animarán su búsqueda de logros. A finales del siglo XX, los experimen-

* En realidad, *Las señoritas de la calle de Avinyó*. (*N. del t.*)

tos de nuevas técnicas y estilos en todas las artes creativas se multiplicaban exponencialmente. Se exhibía el arte abstracto, absurdamente alocado, contra un fondo de música atonal desconcertante. La originalidad por su propio bien se había unido a los maestros de las artes creativas.

Para el origen del cubismo, Picasso ofrecía la metamorfosis como su objetivo fundamental. Dijo:

> Cualquier artista que se precie debe dar a los objetos a representar la mayor plasticidad posible. Así, para la representación de una manzana: si dibujas un círculo, será el primer grado de plasticidad. Es posible, sin embargo, que el artista desee un mayor grado de plasticidad, y en este caso el objeto representado acabará siendo pintado en forma de un cuadrado o un cubo, lo que en modo alguno niega el modelo.

Puede considerarse que el impulso para la innovación es un análogo de la evolución genética, y con buenos resultados. La evolución cultural adapta nuestra especie a las condiciones inevitables y en constante cambio del ambiente. Sus innovaciones son equivalentes a las mutaciones en el genoma. Estos accidentes biológicos han tenido lugar a lo largo de toda la historia de la humanidad, de la misma manera y en el mismo grado que en otras especies. Las mutaciones son muy diversas. Individualmente son raras, y en la gran mayoría de los casos o bien son perjudiciales (de ahí los cientos de trastornos hereditarios lamentablemente familiares, tales como la ceguera para los colores, la fibrosis quística y la hemofilia), o bien son neutras, y entonces no tienen ningún efecto detectable sobre la salud o la reproducción. Con el tiempo desaparecen o permanecen, todo lo más, con una frecuencia muy baja, y en este último caso coexisten en el mismo lugar como recesivos silenciosos de genes dominantes beneficiosos. Solo una minúscula fracción de mutaciones tienen éxito, benefician a los individuos que las portan y se extienden por la población como un todo. A veces tienen consecuencias enormes. Un ejemplo es el conjunto de genes mutantes que prescriben la tolerancia a la lactosa. Un pequeño cambio aleatorio en los pares de bases del ADN hizo posible así el consumo de leche, y posteriormente la industria láctea se extendió por la mayor parte del mundo. Otro caso es el gen mutante de la anemia falciforme, que en una dosis doble causa una anemia letal, pero que en una dosis única protege contra la malaria igualmente letal.

Los genetistas llaman carga mutacional a los genes que no son exitosos y a los neutrales que todos portamos en nuestro cuerpo. De su conjunto, mediante ulteriores mutaciones y cambios en el ambiente que por ventura los favorecen, ha surgido la biología del organismo humano tal como existe hoy en día. No podemos valorar menos las innovaciones, de las que solo unas cuantas resultan ser exitosas, que impulsan las artes creativas.

5

Sorpresa estética

El arte serio, ya se exprese en partitura, texto o imagen, se apodera de nosotros en el primer encuentro. Después, nos abraza y nos distrae el tiempo suficiente para conducir nuestra mente a otra parte y a través del resto de su contenido, quizá para comprender todo el significado que se pretende, quizá para revisitar un fragmento por el simple placer de hacerlo. La sensación general de una obra creativa (llamémosla su rúbrica) puede llegar al principio o al final, y a veces solo después de la experiencia cuando se almacena en la memoria a largo plazo y es el primer pensamiento que acude a la mente consciente cuando rememoramos.

La rúbrica introduce la sorpresa estética, ya sea simplemente hermosa o, de otro modo, sea instintivamente convincente de una forma más profunda. En el arte visual, por ejemplo, existe tanto en el desfile de los grandes buques veleros como en la inclinación apocalíptica del *Titanic* al hundirse; el surrealista marco dorado de Gustav Klimt en su *Retrato de Adele Bloch-Bauer*, que parece fundir a la dama con el metal; las exageraciones de Francis Bacon en sus brutales autorretratos, que gritan las consecuencias condenatorias de una honestidad completa; y la litografía del gran caballo de carreras *Citation*, alzado por C. W. Anderson en un galope largo triunfante, para compararlo con el espeluznante corcel que emite un alarido en el *Guernica* de Picasso.

Los artistas creativos, que se mueven hacia delante y hacia atrás a lo largo del espectro creativo, desde la belleza y la majestad hasta el horror y la muerte, utilizan características de rúbricas definitorias para captar y mantener nuestra atención. En el arte paisajista tradicional, un ejemplo típico es la inclusión que hace Alfred Thompson Bricher de una sorprendente espuma blanca en la cima de una ola que rompe contra un paisaje costero sombrío pardo oliváceo. En el arte abstracto, *Magnum Opus*, de Hans Hoffmann, presenta un deslumbrador rectángulo amarillo contra una gran salpicadura de color rojo vivo, con un misterioso burujo oscuro añadido al lado. El ojo se ve obligado a pasar del amarillo al rojo, y después al negro. Cuál sea su propósito se deja a nuestra mente subconsciente.

El instinto de presentar una característica identificadora simple y a la vez responder a ella no es único de los humanos. Es equivalente al «estímulo señal», o «liberador», que los científicos del comportamiento han identificado como universales en el mundo vivo. En un antiguo ejemplo de libro, los machos de los espinosos, unos peces, desarrollan un vientre rojo durante la estación de reproducción, que señala su territorio y avisan del peligro a los machos rivales. No necesitan un macho completo con un vientre rojo para iniciar la agresión; simplemente una mancha roja sobre un objeto que se mueva bastará. Los investigadores han utilizado manchas rojas sobre peces simulados de gran variedad de formas, entre ellas elipses y círculos simples, para provocar ataques. La mancha roja es el estímulo señal.

Lo mismo ocurre con los sentidos olfativos. Los machos de las polillas son atraídos por sustancias químicas muy específicas liberadas al aire por hembras expectantes de la misma especie. Cientos de especies de mariposas nocturnas pueden estar comunicándose en la misma noche, sin confusión, porque cada una utiliza la misma señal química exacta (la feromona sexual) de su propia especie. Cuando, en pruebas, la misma sustancia se aplica a modelos sin forma, los machos de la especie correspondiente surgen de la noche, y después no solo se posan sobre el modelo, sino que intentan aparearse con él. Incluso existen bacterias que se agregan e intercambian genes con otras, mientras estas emitan el mismo tipo de señal.

Los estímulos señal, o al menos señales y conjuntos de señales que sirven a la misma función, son de manera similar parte de la psique humana. Su presencia es confirmada por la existencia de otro fenómeno descubierto por los estudiosos del comportamiento animal: el estímulo supernormal. Es bien conocido que cuando los huevos de la gaviota argéntea caen fuera del nido situado en tierra, o bien cuando son retirados y situados allí por un científico, uno de los padres los hace rodar de nuevo al interior del nido. Lo que no se conoce tanto, incluso por parte de la mayoría de naturalistas, es que cuando se colocan dos huevos artificiales, uno junto al otro, fuera del nido, los padres se ocupan primero del mayor, aunque sea anormalmente grande. Cuando se intensifica el experimento, los huevos mayores continúan ganando, aunque el huevo falso preferido sea tan grande que las gaviotas adultas se vean obligadas a subir sobre el mismo.

Los seres humanos no son tan tontos, desde luego, al menos la mayor parte del tiempo, pero nos rige mucho más el instinto de lo que muchos creen. Por ejemplo, se ha revelado un sesgo hereditario en la manera en que la gente juzga la belleza facial en mujeres jóvenes. Durante mucho tiempo se supuso que la cara más atractiva es la promedio en cada dimensión de muchísimas caras en una población sana. Sin embargo, cuando esta idea se puso a prueba a partir de los criterios evaluados de residentes de toda la vida en Norteamérica, Europa y Asia, se encontró que el resultado se acercaba, pero no del todo. La cara más bella tiene en promedio un mentón ligeramente menor en relación con el resto de la cara, ojos situados muy separados, y mejillas más altas. Las agencias de modelos, las empresas que deciden los repartos de actores de Hollywood y los artistas de dibujos animados japoneses, con personajes de ojos grandes, ya lo sabían desde hace tiempo.

Puesto que las preferencias innatas no surgen de la nada, es natural que los biólogos evolutivos quieran preguntar *por qué* esta existe. La búsqueda de una causa última se denomina «darwinista». ¿Qué ventajas en la supervivencia y la reproducción, si es que hay alguna, preguntamos, podrían resultar de una configuración facial como esa? Una posibilidad es que la imagen sea una señal de juventud: la poseedora tiene más probabilidades de ser más joven, y por lo tanto virginal y con un potencial reproductivo relativamente más prolongado.

El mismo principio general se da en la literatura. Considere el lector los extremos estéticos de emoción al escuchar primero a Emily Dickinson:

> No era la Muerte, porque me puse en pie.
> Y todos los muertos están tumbados...*

* *It was not Death, for I stood up. / And all the Dead, lie down—.*

Cerca del extremo opuesto del espectro se halla el grito del marinero de Walt Whitman:

¡Oh, capitán, mi capitán! Nuestro terrible viaje ha terminado,
El barco ha capeado todas las tempestades, hemos ganado
[el premio...*

Se nos ha excitado, sabemos qué es lo que viene a continuación, recordaremos lo que Dickinson y Whitman sentían cuando pusieron la pluma sobre el papel.

A menudo, una gran fuerza estética en un modo de expresión puede unirse a otro modo para magnificar el mismo tema. Encontramos un ejemplo en la descripción que Alexander Gilchrist hace de los manuscritos iluminados de William Blake. Cuando Gilchrist los descubrió y los desveló en 1863, se dispuso a hacerles justicia:

> Los colores siempre fluctuantes, los pigmeos espectrales que circulan, vuelan, saltan entre las letras; la floración madura de las esquinas tranquilas, la luz viva y los estallidos de llamas... hacen que la página parezca moverse y estremecerse dentro de los límites.

Y a veces una descripción tiene una belleza persuasiva, aunque como gran parte del arte visual, exagera las declaraciones factuales que contiene. Así es el exquisito final que F. Scott Fitzgerald escribió para *El gran Gatsby*:

> Y mientras la luna se elevaba cada vez más, la casa innecesaria empezó a difuminarse hasta que gradualmente me di

* *O Captain! my Captain! our fearful trip is done, / The ship has weather'd every rack, the prize is won...*

> cuenta de la antigua isla que allí floreció antaño para los ojos de los marineros holandeses: un pecho fresco y verde del nuevo mundo. Sus árboles esfumados, los árboles que habían dado paso a la casa de Gatsby, habían complacido antaño en susurros el último y mayor de todos los sueños humanos; por un momento encantado y transitorio el hombre tuvo que haber contenido su respiración en presencia de este continente, obligado a una contemplación estética que ni comprendía ni deseaba, cara a cara por última vez en la historia con algo proporcionado a su capacidad de asombro.[4]

La comprensión de las artes creativas por parte de los críticos, como se denomina a los expertos en el tema, tiende a abordarse mediante fases. Sus recensiones de una obra particular por su rúbrica suelen comportar una comparación con la obra anterior y la reputación del artista. Mantiene el interés de los lectores hasta que (en las recensiones más extensas) se echa un vistazo a los detalles de su contenido. Después puede venir la contemplación de lo que el artista pretendía, teniendo en cuenta la historia de su vida y las circunstancias que condujeron a esta obra concreta. Finalmente hay juicio, un resumen con la colocación de la obra en una escala que va desde el rechazo al elogio exagerado. Las revisiones y las críticas pueden ser también obras de arte, aunque de un tipo distinto. La segunda sinfonía de Brahms es una gran obra de arte; su análisis por Reinhold Brinkmann es un ejemplo excelente de crítica de arte.

Algunas de las mejores rúbricas en el seno de las artes creativas no solo sorprenden el sentido estético, lo asombran. La mejor manera de elevar este listón es hacer seguir inmediatamente una afirmación por sus contradicciones. Este recurso que utilizó Charles Dickens al inicio de *Historia de dos ciudades* nunca podrá ser superado:

> Era el mejor de los tiempos, era el peor de los tiempos, era la edad de la sabiduría, era la edad de la estupidez, era la época de la creencia, era la época de la incredulidad, era la estación de la Luz, era la estación de la Oscuridad, era la primavera de la esperanza, era el invierno de la desesperanza, lo teníamos todo ante nosotros, no teníamos nada ante nosotros, todos íbamos a ir directamente al cielo, todos íbamos a ir directamente en la otra dirección; en resumen, el período era tan distinto al período actual que algunas de sus autoridades más ruidosas insistían en que se recibiera, para lo bueno y para lo malo, solo en el grado superlativo de comparación.

Todavía en otro medio, la fotografía, la colección *The Oldest Things in the World*, de Rachel Sussman, presenta árboles y otras plantas candidatas de miles de años de edad. Como los pocos supercentenarios humanos (de 110 años de edad o mayores), tienden a lo horizontal, a expandirse, a ser retorcidos y asimétricos, pero inspiran asombro y nos obligan a pensar en el pasado, en la realidad del tiempo que se esfumó en el que pasaron su juventud. Ver estos organismos individuales completamente notables trae pareja una preocupante correlación negativa: muchas de las especies a las que pertenecen los ancianos son asimismo muy raras, y algunas de ellas se hallan cerca de la extinción. El campeón internacional en ambas categorías es un acebo del rey (*Lomatia tasmanica*), de 43.000 años de edad, que vive en Australia, y que si está datada correctamente no solo es la planta más antigua conocida, sino también la última de su especie.

Las fábulas y los cuentos de hadas son un terreno de caza rico para estos choques existenciales. Un sorprendente dibujo de Ben Carlson que se exhibe en el Museo Nacional de Arte de la Naturaleza en Jackson Hole, Wyoming, muestra a un león que ha vencido a un lobo y está a punto de devorarlo. Ilustra una fábula sobre la locura del orgullo:

> Un lobo dejó una tarde su cubil de buen humor y con un excelente apetito. Mientras corría, el sol poniente hacía que su sombra se extendiera sobre el terreno, y parecía como si el lobo fuera cien veces mayor de lo que realmente era. «¡Vaya», exclamó orgulloso el lobo, «¡Mira lo grande que soy! ¡No os creáis que vaya a salir corriendo ante un esmirriado león! ¡Le enseñaré quien está más cualificado para ser rey, él o yo!» Y entonces una sombra inmensa lo borró por entero, y en el instante siguiente un león lo derribó con un único golpe.[5]

Conectar las humanidades a la ciencia mediante las artes creativas es un ejercicio difícil. ¿Por qué habríamos siquiera de intentarlo? Las artes creativas figuran a la vez entre las empresas humanas más avanzadas desde el punto de vista intelectual y entre las más efímeras. «Las artes son fieles a la manera como somos y éramos», ha escrito Helen Vendler minimizando la perspectiva de una síntesis, «a la manera como vivimos y hemos vivido: como personas singulares arrastradas por impulsos y afectos».

Hasta aquí, muy bien; pero a continuación Vendler añade: «...pero no como entidades colectivas o paradigmas sociológicos».

Con eso conjura la magia de lo incognoscible, lo que una vez Nietzsche llamó «los colores en el borde del arco iris». Vendler elige a Joseph Conrad, quien habló de «este poder misterioso, casi milagroso, de producir efectos sorprendentes mediante la detección, que es la última palabra de la más elevada de las artes». Añade el origen de su propia convicción de que tomemos la poesía, en particular, directamente, sin clasificar, exactamente tal como el poeta la concibió: «Toda mi obra última ha surgido», concluye Vendler, «de la compulsión para explicar el poder directo del estilo idiosincrásico, para transmitir la trascendencia de la poesía».

¡Qué encantador viaje ha emprendido Helen Vendler, y qué bien que ha marcado su camino para que otros la sigan! No obstante, la crítica de arte necesita excavar mucho más profundamente. Está en posición para dar mucho más sentido, con toda certeza amplificado con el conocimiento que se origina en la ciencia. De otro modo, las artes creativas continuarán creciendo como árboles que brotan fuera del bosque, menos que una parte del ecosistema mundial vivo.

El consuelo de la familiaridad, citado aquí como una metáfora del fracaso tanto de las humanidades como de las ciencias. (*Lamppost*, William F. Smith, 1938. Museo Metropolitano de Arte, Nueva York.)

II

Las humanidades, en particular las artes creativas y la filosofía, continúan perdiendo consideración y apoyo en relación con las ciencias por dos razones principales. Primera, sus líderes se han mantenido tozudamente dentro de la estrecha burbuja audiovisual que heredamos por casualidad de nuestros ancestros prehumanos. Segunda, han prestado muy poca atención a las razones por las que (y no simplemente cómo) nuestra especie pensante adquirió sus rasgos distintivos. Así, no siendo conscientes de la mayor parte del mundo que nos rodea, y podadas de sus raíces, las humanidades permanecen innecesariamente estáticas.

6

Limitaciones de las humanidades

Hasta que pueda trazarse una imagen mejor de la Prehistoria, y con ello quiero decir que se clarifiquen las fases evolutivas que condujeron a la naturaleza humana de la actualidad, las humanidades seguirán careciendo de raíces. La naturaleza humana, el punto esencial, no es los genes que la prescriben. Ni tampoco es solo los rasgos de la cultura más extendidos en las poblaciones humanas actuales. Es la propensión hereditaria a aprender determinadas formas de comportamiento y a evitar otras; lo que los psicólogos denominan «aprendizaje preparado» frente a «aprendizaje contrapreparado».* Entre los muchos ejemplos de aprendizaje preparado que han sido documentados exhaustivamente, los infantes adquieren el lenguaje de manera obsesiva, y como niños mayores son propensos a jugar de maneras que imitan el comportamiento de los adultos. Estamos contrapreparados, por otro lado, para confiar en extraños o entrar en bosques oscuros desconocidos, y formamos un pavor, que dura toda la

* O no preparado. (*N. del t.*)

vida, de serpientes y arañas, aunque hayamos tenido con ellas un único encuentro aterrador.

Durante la evolución biológica de nuestra especie, el origen del lenguaje precedió evidentemente a la música, y tanto el lenguaje como la música precedieron al arte visual. ¿Es correcta esta cronología, y, si lo es, cuáles son las implicaciones? Así, ¿cómo están relacionadas entre sí las emociones provocadas por la literatura, la música y el arte? A partir de estudios sobre el cambio evolutivo en otras especies, sabemos que los estadios intermedios, los «eslabones» de la evolución, suelen producir mosaicos. Es decir, algunos rasgos son avanzados, otros han alcanzado un estadio intermedio y todavía otros apenas han cambiado si es que lo han hecho. Por ejemplo, cuando en 1968 yo examinaba la primera hormiga primitiva descubierta de la era Mesozoica, conservada en ámbar de noventa millones de años de antigüedad, descubrí que se había encontrado en medio de una importante evolución en mosaico. Este «eslabón perdido» entre las avispas ancestrales y las hormigas modernas tenía mandíbulas de avispa, una cintura de hormiga y antenas intermedias entre las de la avispa ancestral y las de las hormigas descendientes. Le di el nombre científico de *Sphecomyrma* (hormiga avispa).

Así pues, ¿en qué nivel desarrollaron por evolución los humanos modernos estas y otras capacidades en la época de la salida de África y de la expansión por todo el mundo? ¿Y por qué evolucionaron de esta manera? El significado completo de las humanidades no procederá de STEM* (ciencia, tecnología, ingeniería, matemáticas). Vendrá de una combi-

* Siglas de estas disciplinas en inglés; *stem* significa asimismo 'tallo', 'eje'. (*N. del t.*)

nación de disciplinas mucho menos aclamadas, de las que las más importantes son las que yo denomino las Cinco Grandes: paleontología, antropología, psicología, biología evolutiva y neurobiología. Estos campos de investigación son el terreno amigable de la ciencia, en el que las humanidades encontrarán alianzas completas y dispuestas. Encontrarán también algo de lo mismo en la astrofísica y la planetología, pero sobre todo como megateatros para la representación de la emoción humana, porque no tienen manera de explicar su significado.

El principal defecto de los estudios humanísticos es su antropocentrismo extremo. A lo que parece, nada es importante en las artes creativas y en los análisis humanísticos críticos excepto que pueda expresarse como una perspectiva de las culturas cultas actuales. Todo tiende a ser ponderado por su impacto inmediato sobre la gente. El significado se extrae de lo que se valora exclusivamente en términos humanos. La consecuencia más importante es que se nos deja muy poco para comparar con el resto de la vida. El déficit reduce el terreno sobre el que podemos comprendernos y juzgarnos.

La historia, concebida en el sentido convencional, es un producto de la evolución cultural. Los historiadores son estudiosos que desenredan las causas próximas de la evolución cultural: en el comercio, la migración, la economía, la ideología, las guerras, el liderazgo y la moda. Nos han hecho retroceder con éxito hasta el alba del Neolítico, cuando se inventó la agricultura y se añadieron los excedentes de alimento y las aldeas, y de ahí surgieron los cacicazgos, los cacicazgos supremos, las naciones y los imperios. Todo este cambio conjunto, según comprendemos, impulsó la evolución cultural que creó el mundo moderno. Pero la historia truncada de esta manera es incompleta sin la prehistoria, y la prehistoria se queda corta sin la biología. La revolución del Neolítico empezó hace solo el tiempo suficiente, alrededor de diez mil años, para producir unos pocos cambios en pequeños conjuntos de genes entre las poblaciones que se acababan de establecer. Esta cantidad de tiempo es demasiado reducida para explicar el origen hereditario y ambiental de la propia naturaleza humana. A medida que las poblaciones se extendieron por el mundo, llevaban consigo intacto el genoma básico que prescribe la inteligencia humana y los fundamentos del comportamiento social humano.

El período entre sesenta mil años y diez mil años antes del presente (que es el ámbito temporal aproximado del asentamiento de la humanidad por todo el globo) es equivalente, de manera muy aproximada, a quinientas generaciones. Esto sigue sin ser suficiente para explicar el origen de aquellos rasgos que nos mantienen unidos como una única especie, rasgos que incluyen nuestro extraño cuerpo bípedo y lampiño, nuestro cráneo globular atestado con un cerebro de tamaño desmesurado, nuestras emociones simiescas. Después, de gran consecuencia, estaba el instinto común de generar lenguajes compuestos de sonidos y significados arbitrarios. Asimismo, había la capacidad compartida de practicar artes creativas, así como de explorar el ambiente e innovar su control, y de inventar mitos creacionistas que refuerzan las religiones tribales.

Encuentro que es afortunado que quinientas generaciones hayan resultado ser un período temporal demasiado corto para que nuestra especie humana se dividiera en múltiples especies, cada una de ellas aislada reproductivamente de las demás, sin hibridarse y con cada generación divergiendo todavía más. Esta multiplicación había sido común en nuestros antepasados prehumanos, más antiguos. Los problemas morales y políticos que se hubieran presentado habrían sido insolubles. Solo la exterminación de todas las especies excepto una hubiera funcionado, que es como nuestra especie (*Homo sapiens*) trató evidentemente a nuestra especie hermana, los neandertales (*Homo neanderthalensis*).

Los seres humanos no solo son ineficaces a la hora de comprender el tiempo, sino casi inconscientes de lo que ocurre a su alrededor en el momento actual. En nuestra vida cotidiana imaginamos que estamos al tanto de todo lo que ocurre en el entorno inmediato. En realidad, percibimos menos de una milésima del uno por ciento de la diversidad de moléculas y ondas energéticas que constantemente pasan a nuestro alrededor y por nuestro interior. La parte percibida es la mínima suficiente para salvaguardar nuestra supervivencia y reproducción personales, y en su mayor parte apropiada para las tensiones que soportaron nuestros antepasados del Paleolítico. Así es como funciona la evolución mediante selección natural. Somos el producto de una fuerza que es a la vez poderosa y parsimoniosa en grado máximo.

Los biólogos emplean el término alemán *Umwelt* (aproximadamente, «el mundo que nos rodea») para designar aquella parte del ambiente que podemos percibir mediante nuestros sentidos sin ayuda. El *Umwelt* es todo lo que nuestros ancestros prehumanos necesitaron durante millones de años para habérselas con el ambiente de sabana africana, pero fue suficiente. Sobrevivimos, mientras que otras especies de homininos relacionadas con nosotros, pero con percepciones diferentes y mala suerte, no lo hicieron. Lo mismo cabe decir de los cóndores que rondan por los altos Andes, con visión telescópica y un agudo sentido del olfato;

o de las mixinas que viven sobre el bentos abisal, perdidas para siempre en la oscuridad de medianoche, pero que son genios a la hora de detectar las más leves trazas de carne en descomposición; o de las arañas agelénidas, agazapadas en lo más recóndito de sus nidos en forma de embudo, alertas al más leve tirón de un hilo de seda que delate el paso de un insecto presa.

¿Qué es, pues, el *Umwelt* humano, y cómo llegó a serlo, y por qué? Estas son algunas de las preguntas fundamentales tanto de la ciencia como de las humanidades. Una respuesta rápida a la primera parte es que nuestra especie, al haber evolucionado como niños listos de la sabana africana, es adecuada en varias modalidades sensoriales, débil en la mayoría y completamente nula en otras.

Somos ante todo audiovisuales, uno de los pocos animales en el planeta, junto con las aves y unos pocos insectos y otros invertebrados, que dependen de la vista y el oído para encontrar su camino. Sin embargo, en la visión, la única partícula a la que respondemos es el fotón. Más restrictivos todavía, nuestros fotorreceptores solo detectan rebanadas delgadas como hojas de afeitar del espectro electromagnético. Nuestra visión empieza en el extremo de baja frecuencia con el rojo (y ni siquiera se extiende antes al infrarrojo) y termina en el extremo de alta frecuencia antes de llegar al ultravioleta. Si tuviéramos un conjunto mejor de fotorreceptores, habría en potencia una gama más extensa de colores y matices de color que podríamos contemplar y denominar. Si pudiéramos añadir a la nuestra la visión de los halcones y de las mariposas, el impacto sobre las artes visuales sería revolucionario.

¿Y el sonido? Es esencial para nuestra comunicación, pero en comparación con los genios auditivos del mundo animal, casi estamos sordos. Murciélagos de muchas especies se abalanzan y giran en el aire y agarran insectos de vuelo rápido con una precisión casi inimaginable. Y lo que es más impresionante, los murciélagos no se basan en los sonidos procedentes de los insectos: producen ellos mismos sonidos de alta frecuencia y localizan a sus presas por los ecos que estas les devuelven. Algunas especies de polillas están dotadas de oídos sintonizados a la frecuencia de emisión de los murciélagos, y están programadas para dejarse caer al suelo en el instante mismo en que oyen el chasquido de la ecolocación del murciélago. Otros murciélagos detectan pequeñas ondas en la superficie del agua y atrapan peces al arrastrar sus garras a través del agua. Los murciélagos vampiro de Sudamérica tropical utilizan el olfato para acercarse de noche a mamíferos que descansan (incluidos los humanos que olvidan cerrar las ventanas), efectúan pequeños cortes en la piel de estos y lamen la sangre que gotea. (Quizá ha llegado el momento de escribir otra epopeya de tipo *Drácula*, más quiroptérica.) En el extremo opuesto del espectro de frecuencia del sonido, los elefantes retumban en conversaciones complejas de frecuencia demasiado baja para nuestros oídos.

¿Y qué hay del olfato? Los humanos, en comparación con el resto de seres vivos, son prácticamente anósmicos. Cada ambiente, natural o cultivado, está repleto de feromonas, sustancias químicas usadas para comunicarse entre miembros de la misma especie, y alomonas, empleadas por los organismos para detectar a otras especies como depredadores, presas o socios simbióticos en potencia. Cada ecosistema es un «paisaje de olores» de complejidad y brillantez inimaginables. (Permítaseme que diga «inimaginables» para los ambientes del olor y el gusto, puesto que los humanos casi no tenemos vocabulario para la recepción química.) Cuando se consideran todos los invertebrados y microorganismos, los ecosistemas contienen de miles a centenares de miles de especies. Vivimos dentro de un mundo natural que se sostiene por los olores.

Incluso un naturalista experto que atraviesa un bosque o un prado no tiene idea del estruendoso coro de señales olfativas que existe durante todo el día, cuyas diversas mezclas constituyen un desorden de aromas transportados por el aire, que se halla más allá de la comprensión del lector y de la mía, pero no de la de ellos, no de los habitantes del bosque preparados para recibirlos y de cuya percepción depende la vida. Por debajo de la superficie, otras feromonas se filtran a través del suelo y de la hojarasca; a su debido tiempo, todo el conjunto es captado por suaves soplos de aire que rozan la superficie del suelo. Como humo invisible, se dispersan y desaparecen.

Los científicos que estudian el mundo quimiosensorial, yo entre ellos, hemos quedado impresionados por lo exactamente que las moléculas de feromonas se ajustan a sus funciones en las especies que las usan. El tamaño de la molécula de feromona, la tasa a la que se dispersa, el momento y el lugar en que es liberada, y la sensibilidad de otros miembros de la misma especie ordenan lo lejos a que la señal llegará. También establece el grado de intimidad necesaria. Considere el lector una hembra de mariposa nocturna que requiere una pareja. Su atrayente sexual ha de ser único para su especie. Pequeñas cantidades del mismo han de desplazarse lejos (hasta kilómetros en algunos casos) y ha de ser leído y desencadenar una respuesta del tipo adecuado de pareja, no de otra especie, o peor aún, de una araña o de una avispa cazadora de polillas.

Así pues, ¿qué es lo que significan para las humanidades los mundos fantasma en los que existimos realmente? Por supuesto, no podemos describir el mundo vivo y mantenerlo a salvo sin comprender los paisajes sonoros y los paisajes olorosos mediante los cuales está organizado.

En tanto que naturalista, recuerdo la condición semejante a la humana del pleuston, el conjunto de organismos adaptados a vivir exclusivamente en un ecosistema bidimensional, la superficie del agua. Montados en la tensión superficial como acróbatas sobre una red de seguridad, son un extraño conjunto de microbios, algas, hongos y plantas y animales diminutos.

Solo unos pocos gigantes relativos viven en esta rebanada, de grosor molecular, de la biosfera terrestre. Entre los más conspicuos se cuentan los zapateros,* miembros del orden hemípteros, o «chinches verdaderas», al que también pertenecen las chinches de campo, chinches asesinas, chicharritas o saltahojas, cochinillas y pulgones. Todos se distinguen por la posesión de probóscides de punta aguda, que utilizan para perforar y extraer líquidos de plantas y animales. Depredadores feroces, los zapateros dominan el pleuston, y compiten con los peces de abajo y con las libélulas y las aves de arriba por los insectos y arañas que caen accidentalmente en el agua. Han evolucionado en un detalle preciso para la vida en el pleuston: cuerpos en forma de canoa, tres pares de patas largas y cenceñas, especializadas a su vez, las posteriores para el equilibrio, las centrales para la velocidad, y las frontales dirigidas hacia delante desde la cabeza y revestidas con dientes para agarrar a las presas con golpes como los de las mantis religiosas. Sus patas centrales y pos-

* De la familia de los gérridos. (*N. del t.*)

teriores se extienden mucho, y distribuyen lo suficiente el peso del cuerpo para que los pies marquen hoyuelos en la tensión superficial del agua, sin romperla nunca. Su cuerpo entero y todos sus apéndices están revestidos densamente con pelos microscópicos repelentes del agua. Nada, ni la lluvia (cada gota sería el equivalente de recibir la descarga de una manguera antiincendios), ni las salpicaduras de las olas, ni siquiera sumergirlos bajo la superficie, puede mojar su cuerpo.

No es extraño, pues, que un nombre común de los zapateros sea chinches de Jesús. Según un criterio, estos habitantes del pleuston tienen un éxito enorme. Con antepasados que se remontan al menos a cien millones de años, en la era de los dinosaurios, los zapateros están representados hoy en día por más de dos mil especies distribuidas en diferentes áreas que se superponen sobre la mayor parte de la superficie de la Tierra. Un grupo de especies, miembros del género *Halobates*, son los únicos insectos de ninguna especie conocida que viva en o sobre la superficie del océano, en alta mar.

El pleuston global está exquisitamente adaptado para el mundo perpetuamente plano en el que existe. Las especies que viven en él no lo abandonan nunca, excepto por cortos viajes desde una masa de agua a otra. Los viajes hacia arriba y hacia abajo, en otros ámbitos de existencia, son raros e imperfectos. Los residentes en el pleuston son en gran medida indiferentes en cuerpo e instinto al resto de la realidad. La piel del agua, junto con lo que a ella llega y lo que de ella se va, es el universo que conocen.

Los zapateros, príncipes de este ámbito, nos parecen extrañísimos, pero solo como nosotros lo somos para ellos tal como nos perciben con sus órganos de los sentidos fuera de su mundo en el suyo. Nuestro cuerpo está especializado para el ecosistema en el que nuestra especie evolucionó. Nuestra mente está, por consiguiente, limitada. Nuestra esperanza de comprendernos completamente depende del conocimiento no solo de nosotros, sino de la especialización de los demás sistemas vivos que hay a nuestro alrededor.

¿Acaso existe un lugar para las artes creativas en los códigos y ritmos invisibles de los millones de especies que comparten el planeta con nosotros? ¿Quizá en la música y en las artes visuales? ¿Y qué posibilidades pueden aguardar en la sinestesia, la mezcla de modalidades sensoriales entre sí, pongamos por caso la química con la auditiva o la visual? Considérese esta conjetura un paso más allá. En el futuro podremos ser capaces, con la tecnología de la ciencia del cerebro, de leer la mente de al menos las aves cantoras, los simios y los reptiles, después de las mariposas, las hormigas y los zapateros. Entonces será posible simular sus *Umwelten* con realidad virtual.

Por el momento, sin embargo, estamos atrapados físicamente dentro de la burbuja de las humanidades, y, peor todavía, permanecemos inconscientes de sus limitaciones. El contenido grotescamente desequilibrado que sus restricciones nos imponen queda claramente ilustrado si se compara el número de palabras usadas en diferentes idiomas para clasificar la respuesta sensorial en diferentes modalidades. Empecemos con nuestros famosos Ju/'hoansi, los bosquimanos del desierto de Kalahari, que son cazadores-recolectores con una organización social y una pauta de actividad diaria que se piensa que fue característica de los lejanos antepasados de toda la humanidad actual. En el vocabulario completo conocido de 117 palabras en dialectos combinados de los Ju/'hoansi que especifican sentidos, el 25 por ciento se dedican a la visión y el 37 por ciento al oído, pero solo el 8 por ciento se refieren al olfato o al gusto. Esta disparidad no debiera ser ninguna sorpresa, puesto que como el resto de nosotros los Ju/'hoansi son relativamente débiles en olfato y gusto.

El resto de la humanidad es notablemente parecido en sus vocabularios sensoriales. En los lenguajes de los sioux Teton Dakota, los zulúes, los japoneses y las gentes anglohablantes, las palabras que se aplican a la visión varían del 25 al 49 por ciento del total, mientras que solo entre el 6 y el 10 por ciento se aplican al olfato y al gusto combinados.

El aislamiento de nuestra especie especializada y audiovisual es incluso más grave cuando se compara con otros animales. Somos casi «ciegos» cuando hablamos del tacto, humedad y temperatura. Algunas especies de peces de agua dulce emplean campos eléctricos tanto para comunicarse entre sí como para cazar presas. Podemos percibir la actividad con tecnología, pero de otro modo la ignoramos (a menos que agarremos uno de estos peces y padezcamos una descarga potencialmente fatal). Tampoco podemos detectar el campo magnético de la Tierra, que algunas especies de aves usan para navegar durante sus migraciones anuales.

Las limitaciones de las artes creativas y de los estudios humanísticos que se han hecho más aparentes en la época de STEM, han dado como resultado, incluso en los ámbitos más externos de la ciencia ficción, un antropocentrismo extremo. Nada cuenta, a lo que parece, como no sea el impacto sobre las personas. Un resultado es que nos hemos quedado con poco con qué compararnos y, por lo tanto, para comprendernos y juzgarnos a nosotros mismos.

En resumen: las humanidades padecen las siguientes debilidades: no tienen raíces en sus explicaciones de causación y existen dentro de una burbuja de experiencia sensorial. Debido a estas limitaciones, son innecesariamente antropocéntricas y, por lo tanto, débiles en su capacidad para reconocer la causación última de la condición humana.

Protágoras de Abdera, en el siglo v a. e. c.,* declaró: «El hombre es la medida de todas las cosas». Esta opinión ya fue puesta en duda en su época, y en la actualidad debería serlo mucho más. Necesitamos otra percepción con el fin de conseguir un relato correcto. Debería rezar: «Todas las cosas han de medirse con el fin de comprender al hombre».

* Antes de la era común, término que se prefiere a la notación clásica (antes de Jesucristo, a. de C.) por ser más inclusiva y general. (*N. del t.*)

7

Los años de abandono

Un breve himno que escuché por primera vez cantado por un tenor en una iglesia de Pensacola, Florida, cuando yo tenía catorce años, hizo que mis ojos se llenaran de lágrimas y me empujó a pedir el bautismo y a incorporarme formalmente en la fe bautista sureña. Este, se me dijo, es el camino para afirmar la creencia en Jesús y para unirme para siempre a Él en el Paraíso.

> ¡Oh! esa cruz vieja y resistente, tan despreciada por el mundo,
> tiene una atracción maravillosa para mí;
> porque el querido cordero de Dios dejó su gloria de allá arriba
> para llevarla al oscuro Calvario.
> Así que voy a amar la cruz vieja y resistente,
> hasta que entregue por fin mis problemas;
> me aferraré a la cruz vieja y resistente,
> y algún día la cambiaré por una corona.*

* *United Methodist Hymnal*, de George Bennard, 1913. (*N. del a.*)

Cualquier niño que alcance la edad de la razón puede entender la promesa: una transformación de la mente social, una obra maestra de proselitismo. En solo una estrofa y en el coro, «La cruz vieja y resistente» capta el sufrimiento, el amor, la redención y la comunidad, que juntos constituyen el corazón del cristianismo evangélico.

También sirve como recordatorio de la manera en que las humanidades, de las que forma una parte integral el estudio de la religión, difieren de manera fundamental de la ciencia en modo de pensar. Únicamente las humanidades crean valor social. Sus lenguajes, alentados por las artes creativas, evocan sentimientos y acciones que de manera instintiva se percibe que son correctos y verdaderos. Cuando el conocimiento es lo suficientemente profundo y todo está situado en su lugar, las humanidades se convierten en el origen preeminente del juicio moral.

Pero ¡aguarda un minuto! Algunas cosas son intrínsecamente buenas y otras intrínsecamente malas, ¿no es así? Así puede parecerlo, pero también es verdad que cada pensamiento y cada acción han de situarse en un contexto, tanto científico como humanista, antes de poder ser juzgados moralmente.

Consideremos las armas nucleares, un riesgo para toda la vida y una maldición sobre la Tierra. Por otra parte, el lanzamiento de dos bombas nucleares detuvo la segunda guerra mundial en el Pacífico y, al menos tal como lo ven los norteamericanos, salvó millones de vidas de estadounidenses y japoneses. En consecuencia, el temor a un intercambio nuclear limitó la guerra fría y las guerras nacionales en general. En la interpretación de la historia mundial, ¿dónde reside la solución de este enigma moral? ¿Qué podemos hacer para encontrarla?

Y ahora aparecen las humanidades.

La ciencia posee el mandamiento para explorar todo lo que se considere factual y posible, pero las humanidades, nacidas en vuelo tanto por el hecho como por la fantasía, tienen el poder no solo de todo lo que es posible, sino también de lo que es concebible.

Puesto que las humanidades consisten asimismo en todo lo que es humano, todo lo que es humano comprende las humanidades. Debería ser axiomático que la educación de los jóvenes consiste en un equilibrio sabiamente escogido entre la ciencia y las humanidades. Antaño, a un plan de estudios de este tipo se le llamaba una educación equilibrada; ahora se le suele llamar una educación liberal. La idea de una educación liberal proporcionada a todos los ciudadanos ha sido uno de los grandes logros de la tradición democrática americana.

La idea la formuló bien Thomas Jefferson poco después del inicio de la república, en su informe de 1818 a la comisión para el establecimiento de la Universidad de Virginia. Todos deben recibir una educación, escribía Jefferson (dejando de lado la hipocresía flagrante de que él poseía esclavos), para proporcionar el propio sustento del ciudadano, pero también para que mejore sus principios morales y sus facultades. «Para que comprenda sus deberes para con sus vecinos y su país», continuaba Jefferson, «y para cumplir con competencia las funciones que le confíen unos y otro; para que conozca sus derechos... Y, en general, para que observe con inteligencia y lealtad todas las relaciones sociales bajo las que se situará».

Los ideales de la educación pública tal como los expresó Jefferson han seguido siendo el meollo de la tradición de los Estados Unidos de América hasta el día de hoy. Pero las humanidades se han convertido en la hermana depauperada de las ciencias en la estima y el apoyo que reciben del pueblo estadounidense.

En 2010, consciente de esta disparidad, un grupo bipartito de miembros a la vez del Senado y de la Cámara de Representantes pidió a la Academia Americana de Artes y Ciencias que preparara un informe sobre la condición de las humanidades y las ciencias sociales en los Estados Unidos, y que evaluara su papel en la vida y en la educación americanas. El modelo era el informe de 2007, *Rising Above the Gathering Storm*,* patrocinado por las Academias Nacionales de los Estados Unidos, que evaluaba el estado en América de las disciplinas STEM (ciencia, tecnología, ingeniería y matemáticas). Se pretendía que el foco fuera nacional, pero cabía esperar que las conclusiones que se alcanzaran tuvieran implicaciones globales.

El comité central de la Academia Americana estaba compuesto por líderes expertos de universidades, sociedades eruditas, agencias gubernamentales e instituciones culturales. Su informe final, que se hizo público en 2013 y se titulaba *The Heart of the Matter*,** fue mucho más allá de la receta jeffersoniana para trasladar la filosofía educativa a la era moderna.

The Heart of the Matter confirma que, a pesar de todas nuestras frivolidades y puntos débiles, somos (¿cómo decirlo?) una gente decente. Nos excedemos, alardeamos, titubeamos, tenemos un cariño excesivo por las armas. Nuestros héroes más célebres no son poetas ni científicos; hay pocos estadounidenses que puedan nombrar siquiera una docena de los que viven entre nosotros. En cambio, nuestros héroes son

* *Elevándose por encima de la tormenta que se avecina*. (*N. del t.*)

** *El meollo del asunto*. (*N. del t.*)

multimillonarios, innovadores de empresas que empiezan, artistas a nivel nacional y atletas campeones.

Los Estados Unidos de América ha ido identificándose cada vez más con la celebridad y el dinero. Aun así, los estadounidenses de todos los grupos socioeconómicos mantienen como primer principio que a todos debe proporcionárseles educación de alta calidad. Como una prueba seria de esta presunta unanimidad, ¿qué piensan los líderes empresariales de la educación liberal, con un equilibrio de las ciencias y las humanidades? Desde luego, Shakespeare no vende Toyotas. Pero, sorprendentemente, un sondeo en línea realizado en 2013 por la Asociación de Facultades y Universidades Americanas encontró que tres de cada cuatro líderes empresariales recomendarían el concepto de una educación liberal a sus hijos o a otros niños que conocieran personalmente. Todos estuvieron de acuerdo en que la educación liberal es importante en algún grado. El 51 por ciento la consideraron muy importante, el 42 por ciento bastante importante y solo el 6 por ciento algo importante.

Además, los estadounidenses respetan las artes creativas. En un nivel de refinamiento u otro, dependemos de ellas como una fuente perpetua tanto de entretenimiento como (aunque lo indiquemos de alguna otra manera) de enriquecimiento intelectual. Gran parte de lo que valoramos más es de gran calidad y mejora cada vez más. Las bellas artes del *bel canto* y de las cadencias sinfónicas son compañeras familiares del *rock*, el folk, el *country* y el wéstern, aunque tengan mucho menos público. El gran arte visual se acepta como auténticamente grande, y que vale la pena verlo en el original. Una encuesta realizada por el Legado Nacional para las Humanidades indicó que para el período 1982-2008 el porcentaje de estadounidenses que visitaron una galería de arte o un museo de arte al menos una vez al año osciló entre el 20 y el 25 por ciento.

En resumen, se considera de manera general que las humanidades son inmensamente importantes para la sociedad, y en consecuencia son apreciadas. Pero las instituciones identificadas con las humanidades no reciben apoyo y no funcionan a tenor de su valor, juzgado este de manera objetiva, mientras que las universidades, como Yale, insisten en las ciencias al aceptar nuevos alumnos y crear nuevos cursos.

El problema abrumador es la pobreza, y la falta de respeto. Las humanidades casi nunca reciben suficiente financiación para terminar los proyectos a los que aspiran sus artistas y estudiosos. Tienen relativamente pocos patrocinadores acomodados que actúen a largo plazo, como ocurría en el Renacimiento. Los monasterios y otros lugares de retiro religioso ya no los atienden como santuarios creativos. En los presupuestos nacionales y estatales se clasifican como artículos de lujo. Ofrecen muy pocos empleos para la legión de jóvenes inspirados de ambos sexos que ansían dedicar su vida a alguna forma de las artes y las humanidades.

Por encima de ellas, y emitiendo una sombra profunda como si se tratara de alguna nave nodriza extraterrestre estacionada sobre Manhattan, se encuentran las ciencias naturales. En los Estados Unidos, desde 2005 a 2011, las ciencias físicas y biológicas, junto con las matemáticas, recibieron de manera regular el 70 por ciento de la financiación que necesitaban para la investigación y el desarrollo académicos por parte del gobierno federal. A las ciencias médicas y la ingeniería les fue casi igual de bien, con algo más del 60 por ciento de sus necesidades. La investigación educativa, junto con las ciencias de comportamiento y sociales, se acercaron al 50 por ciento. Por debajo de todo estaban las humanidades, que, con excepción de la ley, se situaban cerca del 20 por ciento. El resto de la ayuda para las humanidades procedía principalmente de instituciones académicas.

La ciencia y la tecnología han sido financiadas de manera masiva por los impuestos de los ciudadanos norteamericanos para lo que se considera generalmente el bien público. El conocimiento obtenido a partir de esta generosidad es una razón que explica la dominancia económica y tecnocientífica global de los Estados Unidos.

Las humanidades, en cambio, son financiadas sobre todo por instituciones educativas, que reciben sus ingresos de matrículas y legados, junto con una reducida tajada basada en los impuestos procedente del gobierno. En la competición entre las ciencias y las humanidades para obtener los fondos que proporcionan los ciudadanos de los Estados Unidos, las humanidades se encuentran siempre por debajo de las ciencias.

Los estadounidenses asignan típicamente el prestigio de una ocupación en función de los salarios que reciben sus profesionales. Una buena medida de esta valoración es el salario inicial que se paga anualmente a los graduados de las facultades. El Departamento de Trabajo de los Estados Unidos informó en 2014 que los nuevos profesionales de STEM eran los reyes, al recibir entre 50.000 y 80.000 dólares anuales. Los graduados en artes liberales, es decir, en arquitectura, inglés, educación elemental, periodismo y psicología, se encuentran en la franja baja, con salarios iniciales de 40.000 dólares o menos.

A los estadounidenses se les recuerda con frecuencia que la investigación y el desarrollo en ciencia básica son buenos para la nación. Evidentemente, esto es verdad. Pero es igualmente cierto para las humanidades, en todo su ámbito, desde la filosofía y la jurisprudencia hasta la literatura y la historia.

Conservan nuestros valores. Nos convierten en patriotas y no solo en ciudadanos que cooperan. Dejan claro por qué acatamos la ley construida sobre preceptos morales y no dependemos del liderazgo inspirado por gobernantes autócratas. Nos recuerdan que en tiempos antiguos la propia ciencia era una hija dependiente de las humanidades. Se la llamaba «filosofía natural».

¿Por qué razón, pues, se mantiene a las humanidades a base de raciones de inanición? En parte porque una gran cantidad de los recursos de que disponemos se la han apropiado las religiones organizadas. La enorme mayoría de personas de todo el mundo pertenece a una fe religiosa concreta o a otra, que se define no tanto por creer en Dios como por su mito creacionista idiosincrásico. Cada miembro se compromete a creer que el mito creacionista de su religión, que explica el origen sobrenatural del universo y de la humanidad, es superior a todos los demás. El problema es que no todos los mitos pueden ser correctos; no hay dos que puedan ser correctos; y casi con toda seguridad ninguno es correcto.

A lo largo de los siglos las religiones organizadas han creado música, literatura y arte trascendentes. El ritual más conmovedor que he presenciado (si se me permite) es la celebración católica romana pascual de la *Lumen Christi*. Empieza con una catedral a oscuras llena de fieles. La puerta trasera se abre y el obispo entra portando un cirio encendido. Les dice a los reunidos y que todavía no se ven: *Lumen Christi*, la luz de Cristo. Después camina lentamente por el pasillo central, seguido por sacerdotes ayudantes. Cada uno de los fieles, de pie y en silencio, sostiene un cirio apagado. El grupo episcopal enciende sus cirios fila tras fila, hasta que la catedral está totalmente iluminada. En el altar, empieza el servicio de Pascua.

Fascinados por exhibiciones tan majestuosas que han evolucionado a lo largo de siglos, es fácil olvidar que el arte religioso está dedicado al relato creacionista imperante, que no se permite la desviación de dicho relato, y que se han librado guerras brutales para sustituir un relato por otro. Las humanidades seculares, para decir las cosas llanamente, han de competir con las religiones organizadas y con las ideologías semejantes a religiones para conseguir llamar la atención y obtener financiación pública. Las primeras son libres de explorar e innovar; las otras, no.

La competencia de la cultura basada en la fe no es la única fuerza que suprime las humanidades. Mucho más potente es la revolución digital. La ciencia y la tecnología no son hostiles hacia las humanidades. No hace que cedan ante ningún dogma sobrenatural ni ninguna ideología ciega. No obstante, su competencia se ha hecho abrumadora. La fabricación artesanal, la agricultura de huerto y la pesca comercial extensiva se están reduciendo y se encaminan a la extinción. La automatización, la producción en masa y la comunicación global aumentan la economía mundial, no la influencia de las humanidades, de manera que los mejores empleos los toman los que se han formado en ciencias, tecnología, y comercio y leyes complementados con tecnología.

STEM se ha convertido en el símbolo de poder de los Estados Unidos, el equivalente del SPQR (*Senatus Populusque Romanus*)* de Roma. Parece que no hay nada que una cultura tecnocientífica no pueda conseguir con el tiempo: curar cualquier enfermedad, crear partes artificiales del cuerpo y organismos, producir alimentos ilimitados en granjas hidropónicas verticales iluminadas con led, desalar el agua de mar

* El Senado y el pueblo de Roma. (*N. del t.*)

con energía solar o de fusión. Los líderes de las neurociencias y de la inteligencia artificial han empezado a buscar los orígenes de la mente y del espíritu, antaño territorios exclusivos de las humanidades.

Es totalmente evidente que para tener éxito en el nuevo mundo tecnocientífico, la gente necesita educación de calidad... y mucha. Muy pocos países han sido capaces de afrontar el reto que supone la nueva realidad. En particular, los Estados Unidos, después de haber dirigido al mundo en el gigantesco STEM, se han deslizado hasta un punto bajo en lo que a enseñarlo a los jóvenes se refiere. Según un estudio de 2013 publicado por la Organización para la Cooperación y el Desarrollo Económico (OCDE), los adultos de edad entre dieciséis y sesenta y cinco años se situaban en el puesto vigésimo primero de un total de veintitrés países de nivel elevado en matemáticas, y en el puesto decimoséptimo de un total de diecinueve países que se muestran excelentes en solución de problemas. ¿Acaso importa? ¿Podría conseguir todavía la innovación y el desarrollo una elite reducida pero muy bien formada? No es probable, se les dijo a los asistentes de una conferencia en Capitol Hill* en 2013. Incluso entonces, se estimaba que 2,5 millones de empleos de tipo STEM no se ocupaban debido a la carencia de trabajadores bien formados. En la actualidad, una gran mayoría de empleos incluso de nivel bajo requieren al menos conocimientos informáticos elementales.

El problema al que se enfrentan los Estados Unidos de América resulta aumentado por una creciente desigualdad en los salarios, que está correlacionada con una drástica reducción de la clase media. Los estadounidenses en todas las cla-

* El Congreso de los Estados Unidos. (*N. del t.*)

ses socioeconómicas reconocen ahora que simplemente para mantenerse a flote, y evolucionar, y por lo tanto para prosperar en lo que se está convirtiendo rápidamente en el nuevo sueño americano, es bueno conocer la configuración total del terreno que tienen ante sí. Argumentaré a continuación que esta expansión requiere no solo la promoción de STEM, sino un nuevo crecimiento igualmente potente en el seno de las humanidades.

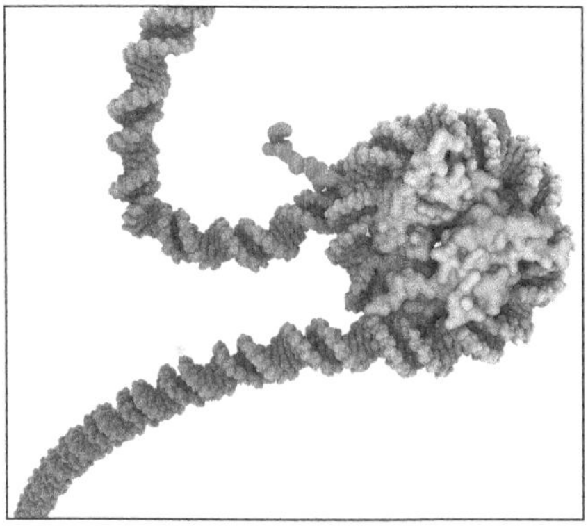

Las humanidades y la ciencia abordan segmentos del continuo único del pensamiento creativo, desde los procesos moleculares de la herencia hasta las respuestas emocionales que programan, extendiéndose por todo el espacio y todo el tiempo. *Arriba*, la parte inferior de una mariposa rey africana (*Papilio lormieri*), producida por la evolución de un código genético concreto. (Fotografía de Robert Clark.) *Abajo*, un segmento de ADN con un fragmento de las histonas (proteínas) alrededor de las cuales se enrolla el ADN. (Imagen creada mediante Molecular Maya [Clarafi.com] por Gaël McGill, tal como se mostraría si pudiera verse a un aumento muy grande.)

III

La ciencia y las humanidades comparten el mismo origen y los procesos cerebrales de creatividad. Puede hacerse que se acerquen todavía más entre sí y se unan ampliamente en su sustancia mediante una aplicación más exhaustiva de cinco disciplinas (paleontología, antropología, psicología, biología evolutiva y neurobiología), todas ellas unidas por el proceso evolutivo en la herencia y la cultura.

8

Causas últimas

La mejor crítica de arte suele ser brillante, al surgir de la profunda sabiduría intuitiva. No obstante, debido a la extrema subjetividad del tema, las intuiciones se deslizan fácilmente por la superficie y yerran el blanco. Por ejemplo, Wallace Stevens nos dice que Picasso quería que el cubismo sirviera como una metáfora del fracturado desorden del mundo moderno. El mismo Picasso explicaba que el cubismo tenía que poseer «flexibilidad», y que la figura en la tela ilustraba una fase de desarrollo capaz de transformación hasta otras fases.

La intención del artista es intensamente idiosincrásica y difícil de valorar. Por su parte, Matisse reconocía que estaba hecho una furia para crear nuevas percepciones, y que transmitía impactos repetitivos de lo nuevo. Gauguin compuso su obra maestra tahitiana, *D'où venons nous? Que sommes nous? Où allons nous*?,* como una panoplia del ciclo de la vida humana. Después se dispuso a suicidarse en las colinas

* *¿De dónde venimos? ¿Qué somos? ¿Adónde vamos?* (*N. del t.*)

que rodean Papeete, pero cambió de idea y se fue a las islas Marquesas. En la capilla Rothko, en la Universidad de Rice, la última obra del artista, sin tema y sin forma, representa, según el gran crítico Robert Hughes,

> un grado asombroso de autorrechazo. Se les ha extraído todo el mundo, y ha quedado solo un vacío... se pretende que el espectador confronte los cuadros de manera muy parecida a como los espectadores de ficción, observando el mar en un cuadro de Caspar David Friedrich, se veían confrontando la naturaleza: se pretende que el arte, en una convulsión de introspección pesimista, sustituya al mundo.

En el clima de invernadero de las artes experimentales y de la crítica, no es sorprendente que broten de repente y al azar subculturas extrañas, como setas y dientes de león intrépidos en un césped, por otra parte, bien cuidado. Desafían la explicación coherente: el dadaísmo, latas de sopa de tomate hiperrealistas, filosofía y literatura postmodernistas, *heavy metal* y música atonal. Ya sea que emane de mente ordenadas o desordenadas, nos proporcionan atisbos, todavía caóticos, lamentablemente, de los puestos de control emocionales y de los centros de decisión dc la mcntc subconsciente.

Ya es hora de lanzar una sonda más profunda en un escenario diferente, que penetre en un ángulo diferente, a mayor profundidad y que explore una causación más honda. ¿Por qué las artes creativas han dominado tanto la mente humana, en todas partes y a lo largo de toda la historia? No encontraremos la respuesta en las mejores galerías de arte ni en las salas de concierto. Las innovaciones del *jazz* y del *rock*, que surgieron más directamente de la experiencia humana, probablemente nos proporcionarán una idea mejor de dónde excavar. Puesto que las artes creativas implican un rasgo universal, genético, la respuesta a la pregunta se encuentra en la biología evolutiva. Téngase en cuenta que *Homo sapiens* hace unos cien mil años que está aquí, pero que la cultura alfabetizada ha existido durante menos de una décima parte de este tiempo. Así, el misterio de por qué existen artes creativas universales se resume en la pregunta de qué es lo que hicieron los seres humanos durante las primeras nueve décimas partes de su existencia.

Las sociedades prealfabetizadas de cazadores-recolectores puros y de cazadores-recolectores primitivamente agrícolas que todavía sobreviven tienen muchas cosas que decirnos acerca de los milenios natales de la cultura prehistórica. Su vida puede parecer simple. No ven la televisión (¡la mayoría no lo hacen, todavía!), ni buscan por internet, ni van en coche hasta el supermercado para comprar provisiones. No obstante, los Ju/'hoansi del Kalahari, para tomar mi sociedad favorita y una de las sociedades de cazadores-recolectores estudiadas a fondo, conocen la geografía de sus territorios como si fuera un plano callejero, en los que se desplazan de acá para allá por cientos de kilómetros cuadrados, y en ellos conocen cada árbol frutal, cada poza de agua, cada lugar adecuado para establecer un campamento y cada altozano desde el que vigilar. Su vocabulario puede ser muy reducido si se compara con el de los modernos urbanitas, pero pueden dar nombre y describir plantas y animales con una pericia que rivaliza con la de naturalistas conocedores de la taxonomía. Sus conversaciones y narraciones, centradas durante el día en sus tareas y en casi todo lo demás a la luz de las fogatas, son diversas y detalladas, y en el caso de los Ju/'hoansi salpicadas de palabras inducidas por tres tipos de chasquidos, cada uno de ellos producido en una parte diferente del canal de aire.

Así pues, ¿qué podemos aprender de los Ju/'hoansi y, más generalmente, de la manera antigua de vivir? Como contexto, cada ser humano, sin excepción, pertenece a una única especie de animal, aislada desde el punto de vista reproductivo y confinada por su biología idiosincrásica y su comportamiento social. Antes de que pueda leerse esta caracterización como un atisbo de interpretación divina, séase consciente de que puede decirse lo mismo de cientos de otras especies sociales, desde los sifonóforos y las arañas que tejen telarañas comunales hasta mamíferos como marsopas y lobos. Las ballenas crecen hasta su gran tamaño filtrando crustáceos diminutos, los murciélagos vuelan de noche utilizando la ecolocación, las aves vuelan de noche mediante el campo magnético polar. Los humanos piensan.

Los científicos nos han enseñado los estadios iniciales de toda esta evolución. Resulta que se unieron tres precondiciones para producir una especie de categoría humana. La primera fue la creación del campamento, que el cambio en la dieta hizo posible muy temprano, en el *Homo erectus* ancestral. Una revisión que hice de los orígenes de todas las sociedades complejas conocidas en toda la historia del reino animal, que representa veinte linajes independientes en total, reveló que cada una estuvo precedida por la construcción instintiva de nidos en los que se criaba a las crías con la ayuda de la atención de los progenitores. Para las abejas, avispas y hormigas sociales, los nidos eran variados: subterráneos o arbóreos, y contenían compartimentos especiales para las crías en desarrollo. Para los trips y los pulgones sociales, las guarderías eran cavidades ya presentes en plantas vivas. Los camarones marinos sociales utilizaban cámaras excavadas en esponjas vivas. Los nidos de los primeros humanos eran campamentos caldeados e iluminados por fogatas controladas. Así, una adaptación muy extendida pero poco común, la construcción de nidos para acomodar la cría progresiva de la prole, fue la base desde la cual podía abordarse el insólito nivel humano.

Este rasgo social muy avanzado de organización social, que poseían veinte linajes evolutivos, es comportamiento «eusocial», en el que la división del trabajo se basa no en la cooperación entre iguales, sino en la cooperación organizada en la que los miembros del grupo adoptan papeles a largo plazo. Para que puedan considerarse eusociales en la clasificación científica, los papeles están marcados por la supervivencia y el éxito reproductivo superiores programados de algunos de los miembros. Para decirlo de manera sencilla, existe altruismo. Una parte de los miembros del grupo hace sacrificios para el bien del grupo en su conjunto.

La segunda precondición para el origen de las sociedades humanas fueron altos niveles de cooperación entre los miembros del grupo. Cada persona conocía a todas las demás, y algo acerca de sus papeles en las tareas, su capacidad y su carácter.

La división del trabajo, el altruismo y la cooperación, que evolucionaban conjuntamente, pusieron una prima elevada a la inteligencia social. En particular, su combinación enriqueció la comunicación. Debido a que los primeros humanos eran audiovisuales, pudieron desarrollar una capacidad para el lenguaje hablado. Las palabras creadas fueron originalmente arbitrarias en significado y se hicieron universales en su uso en el interior de los grupos. Los sonidos se producen y desaparecen prontamente. A diferencia de las señales visuales, pasan a través de obstáculos opacos, si son delgados, y dan la vuelta a esquinas. Además, a diferencia de los olores y de las señales visuales, las palabras pueden aumentar rápidamente en número, y maximizar la transmisión de información. Los sonidos animales instintivos de nuestros antepasados evolucionaron de esta manera hasta el habla humana. Los vocabularios acabaron por diferir entre los grupos, pero la capacidad y el ímpetu impulsor para hablar permanecieron programados genéticamente.

En el seno de los grupos, los que tuvieron mejor capacidad para el lenguaje habían gozado de unas tasas de supervivencia y de reproducción mayores que sus rivales en el grupo. Más importante todavía: en la competencia entre los grupos, los que vencieron eran superiores no solo en agresión territorial mortal, sino también en la capacidad para formar alianzas, desarrollar el comercio y extraer materiales y energía de fuentes del ambiente natural.

A partir de ahí, el cerebro creció desde los 900 cc en el *Homo erectus* ancestral hasta los 1.300 cc o incluso más en el *Homo sapiens* inicial. Visto desde una cierta perspectiva, no debiera sorprendernos que pasemos la mayor parte de nuestro tiempo parloteando mientras garabateamos imágenes y símbolos. Y porque, en sociedades demasiado grandes para conocer a todos sus miembros, valoramos a las celebridades y cotilleamos sobre ellas.

9

Cimientos

La humanidad es una especie quimérica. La base fisiológica de nuestros sentidos y emociones sigue siendo prácticamente la misma que en nuestros ancestros simiescos. Nuestra capacidad para las artes creativas (lenguaje narrativo, baile, canciones, pinturas) se remonta a antes de la salida de África, hace unos sesenta mil años. Todo lo demás ha cambiado. La ciencia y la tecnología se duplican, según la disciplina, cada diez a veinte años. Abordan todo lo que hay en el universo, todo el espacio y el tiempo y todo lo que hay en la Tierra y en cualquier sistema estelar y exoplaneta concebibles. Las humanidades, en cambio, se han quedado atascadas con la gente.

Ahí reside el dilema de las humanidades. Se espera que las humanidades, y con ellas una gran parte de la educación liberal, describan y expliquen la esencia de un mundo social de emociones paleolíticas, instituciones medievales y tecnología divina, sin ninguna idea clara de significado o propósito. En la búsqueda de significado, la ciencia y la tecnología tienen papeles disyuntos del de las humanidades. La ciencia (con la tecnología) nos dice lo que es necesario para ir adónde queramos, y las humanidades nos dicen adónde ir con lo que sea que produce la ciencia. Allí donde la ciencia ha creado nuevos modos de intelecto y un enorme poder material, las humanidades han abordado las cuestiones de estética y valor o de carencia de las mismas que principalmente plantean las energías estajanovistas e implacables de la ciencia.

La empresa humana ha sido dominar la Tierra y todo lo que hay en ella, mientras permanece limitada por un enjambre de naciones que compiten entre ellas, de religiones organizadas y de otras comunidades egoístas, la mayoría de las cuales son ciegas al bien común de la especie y del planeta. Las humanidades, por sí solas, pueden corregir esta imperfección. Al estar centradas en la estética y el valor, tienen el poder de hacer virar la trayectoria moral en un nuevo modo de razonar, un modo que acepte el saber científico y tecnológico.

Para cumplir este papel, las humanidades necesitarán fusionarse con la ciencia, porque el nuevo modo depende sobre todo de entender a nuestra especie, lo que no puede conseguirse sin una investigación científica objetiva. Al igual que la luz del sol y la luz de la fogata que guiaron nuestro nacimiento, necesitamos unas humanidades y una ciencia unificadas para construir una imagen completa y honesta de lo que somos realmente y de aquello en lo que podemos convertirnos. Dicha combinación son los cimientos potenciales del intelecto humano.

Parece evidente, tal como he argumentado, que las humanidades pueden ser ampliadas lo suficiente para hacer esta conexión de tres maneras. Primera, que huyan de la burbuja en la que el mundo sensorial humano sin ayuda permanece innecesariamente atrapado. Segunda, que hundan las raíces mediante la conexión de la historia profunda de la evolución genética con la historia de la revolución cultural. Y tercera, que disminuyan el antropocentrismo extremo que pone trabas a la mayoría de empresas humanísticas.

Es común que los escritores que buscan el significado último de la existencia humana se dirijan a los misterios de la astrofísica y de la mecánica cuántica. Alternativamente, observan el mapa futuro de las neuronas y los circuitos del cerebro. De maneras más tradicionales, muchos escritores buscan la iluminación espiritual, ya sea de Dios o de algún *mysterium tremendum*, cuyo núcleo nos guía, pero se mantiene siempre fuera de nuestro alcance.

Está garantizado que todos estos esfuerzos continuarán, y fracasarán. Todos actúan según uno de los arquetipos más poderosos, la búsqueda de lo desconocido fundamental. Dicha búsqueda ha tomado diversas formas a través de los tiempos: el santo grial, la espada en la piedra, el código secreto de los antiguos, mensajes dejados por extraterrestres, la llave del sanctasanctórum interior o la Teoría del Todo, basada en la física.

Ciertamente, la comprensión de las cualidades profundas y genéticas de nuestra especie ya se ha alcanzado, al menos una parte sustancial de la misma, y el largo camino hasta desentrañar el resto ya está esbozado. Nos esperan muchas sorpresas, en especial en la genética molecular y del desarrollo, pero pocas que se añadan al cambio de paradigma necesario para explicar quiénes somos y qué podemos esperar alcanzar sin dejar el planeta Tierra. Hasta ahora, las respuestas, tal como he indicado, las proporcionan las disciplinas fundamentales relevantes que esperaríamos lógicamente. Se trata de la paleontología, la antropología (que incluye la arqueología), la psicología (principalmente la cognitiva y la social), la biología evolutiva y la neurobiología.

El hilo común que unifica a estas Cinco Grandes más relevantes para la humanidad es la evolución mediante selección natural. La preeminencia de este proceso universal la expresó de forma magnífica en 1973 el gran genetista Theodosius Dobzhansky, en una frase que desde entonces se ha citado con frecuencia: «Nada en biología tiene sentido excepto a la luz de la evolución». Esta afirmación debería ampliarse ahora claramente: Nada en la ciencia y las humanidades tiene sentido excepto a la luz de la evolución. Tal como ha dicho el filósofo Daniel Dennett, la evolución mediante selección natural es el ácido que perfora todos los mitos sobre finalidades y significados ordenados.

La evolución biológica se define como el cambio hereditario de características dentro de las poblaciones de una generación a la siguiente, y que finalmente provocan que una especie dé origen a otra, y que a veces se divida en dos o más especies. La mayoría de personas cultas conocen esta caracterización, pero muy pocas pueden decirnos mucho acerca de cómo funciona realmente. Este espectacular déficit en la educación se debe principalmente a poca educación científica en las escuelas, y probablemente es la única barrera y la más formidable para cualquier esfuerzo para unir la ciencia y las humanidades para crear una auténtica educación general. El conjunto es en realidad muy sencillo si se compara, pongamos por caso, con la relatividad general o con una escuela seleccionada al azar de arte abstracto moderno. Puede resumirse como sigue.

El primer principio es que la evolución genética (que se suele denominar «evolución orgánica») no puede hacerse comprensible como un único linaje, de progenitores a hijos, de estos hijos a nietos, y de manera siempre incesante de atrás hacia delante, en serie. Más bien se trata de un cambio hereditario en toda una población. Su magnitud se mide como un cambio en el porcentaje de rasgos en competencia dentro de la población como un todo. La población comprende individuos que se entrecruzan libremente. Puede tratarse de una especie entera o de una parte aislada de una especie. Puede ocupar una isla situada lejos de la costa, por ejemplo, mientras que otras poblaciones de la misma especie viven en el continente.

Entre los genes de los individuos que constituyen la población se producen mutaciones constantemente, aunque para cada gen concreto ello ocurre a una tasa muy baja. Una mutación en un millón por generación en una población no es una cifra insólita. Definida de manera general, una mutación es un cambio aleatorio que tiene lugar por una adición o una sustracción de las letras del ADN que constituyen los genes, o por cambios en el número de los genes, o incluso por un cambio en la localización de los genes en los cromosomas. Las mutaciones pueden afectar a cualquier característica biológica o psicológica, grande o pequeña.

Si el cambio en las características prescritas por una mutación resulta ser relativamente favorable en el ambiente circundante para la supervivencia y la reproducción de los individuos que la presentan, entonces el mutante se multiplica y se extiende por la población en competencia con otros genes situados en el mismo lugar del cromosoma. Un ejemplo humano que se mencionó anteriormente de una mutación de este tipo prescribe la tolerancia a la lactosa, lo que hace que la leche y todos sus productos sean aceptables y hace posible el invento cultural de la industria láctea. Si, por el contrario, los cambios resultan ser desfavorables en el ambiente circundante (por ejemplo, porque conservan la intolerancia a la lactosa), el gen mutante o bien persistirá en un porcentaje muy bajo de individuos de la población o desaparecerá por completo. Los rasgos con un impacto importante en la salud humana que persisten en números marginales incluyen miles de enfermedades genéticas raras y trastornos como la distrofia muscular de Duchenne, la hemofilia y una propensión a desarrollar determinados cánceres.

La evolución es un cambio en la población de las frecuencias de genes en competencia que afectan a los mismos rasgos. Cuando, por ejemplo, la frecuencia de los genes de tolerancia a la lactosa aumenta, aunque sea en un reducido tanto por ciento, ha tenido lugar evolución. La competencia es entre los que acaban de llegar como mutaciones frente a los que ya están allí. Puesto que ganar o perder entre genes alternativos está determinado casi por entero por el ambiente, se dice que la evolución biológica tiene lugar por «selección natural», la frase que introdujo Charles Darwin para distinguir el proceso de la selección artificial, que es la cría de cepas o razas de plantas y animales por la elección humana.

La evolución por selección natural tiene lugar continuamente en todas las poblaciones de todas las especies, ya sea cambiando la frecuencia de los genes o manteniéndola uniforme. En un extremo, su ritmo es lo suficientemente rápido para crear una nueva especie en una única generación (por ejemplo, mediante la simple duplicación de todos los cromosomas y de todos los genes que contienen). En el extremo opuesto, la evolución es tan lenta que algunos rasgos de la especie han permanecido parecidos a los de los antepasados que vivieron hace decenas de millones o incluso centenares de millones de años. Con solo un poco de exageración, a estas especies rezagadas se las suele llamar «fósiles vivientes». Ejemplos familiares con características de doscientos millones de años de edad o incluso más antiguas son las cacerolas de las Molucas, las libélulas, los escarabajos y las cicas o palmas sago.

En la teoría elemental de la evolución por selección natural, la unidad de herencia que muta es el gen, y el blanco de la selección natural por parte del ambiente es el rasgo que el gen prescribe. La distinción puede hacerse más memorable con la ayuda de los filmes de horror y ciencia ficción de Hollywood: los mutantes de insectos y cocodrilos gigantescos y monstruosos que escapan de laboratorios gubernamentales secretos causan el caos a nivel local, pero no tienen ninguna posibilidad de reproducirse y extenderse en competencia darwiniana con sus progenitores normales. O esto es lo que esperamos.

Ha habido una confusión innecesaria, en especial por parte de autores que divulgan la evolución para el gran público, entre la selección al nivel del individuo y la selección al nivel del grupo. El problema surge a partir de una distinción errónea entre la unidad de la herencia y el objetivo de la selección. El problema se resuelve de forma sencilla cuando se refiere a la disciplina bien desarrollada de la genética de poblaciones, como sigue: La selección al nivel del individuo actúa sobre las características que afectan a la supervivencia y la reproducción de un *miembro del grupo*, aparte de su interacción con otros miembros de su grupo. La selección individual predomina en las primeras fases de la evolución social, cuando muchos de los rasgos hereditarios afectan al éxito del individuo con independencia de sus interacciones con sus compañeros del grupo. Por ejemplo, el individuo puede vivir solo durante parte de su ciclo biológico. Entre sus compañeros de grupo, puede tomar unas fracciones de alimento y espacio mayores para sí y para sus descendientes.

La selección a nivel del grupo afecta a los rasgos que son interactivos con los compañeros del grupo, de modo que el éxito de los genes de un individuo depende al menos parcialmente del éxito de la sociedad a la que pertenece el individuo. En las organizaciones sociales más avanzadas, caracterizadas por una casta obrera estéril y que son ilustradas por los sifonóforos, que se parecen a medusas, así como por hormigas, abejas, avispas y termes, la selección de grupo invalida casi totalmente la selección individual.

Así pues, ¿dónde encaja la humanidad en el espectro que va de la selección del individuo a la del grupo? Nos situamos cerca del centro. Como consecuencia, la naturaleza humana está dirigida por el conflicto entre la selección individual, que promueve el egoísmo por parte de los individuos y sus familias inmediatas, y la selección de grupo, que promueve el altruismo y la cooperación puestos al servicio de la sociedad mayor. Esta mezcla en niveles de selección, forjada en una liza de instinto y razón, es parte de lo que hace que la humanidad sea única.

El papel de la selección de grupo en la evolución social es consistente con los fundamentos demostrados de la genética de poblaciones. Su presencia en todo el reino animal está respaldada por una voluminosa evidencia procedente del campo y del laboratorio. No obstante, ha sido puesta en duda por una explicación alternativa de la evolución social denominada *teoría de la eficacia inclusiva*. En esencia, la teoría dice que el comportamiento social evoluciona de acuerdo con los grados de parentesco entre los miembros del grupo. Cuanto más estrecho es su parentesco, más probable es que los miembros del grupo compartan sus recursos y cooperen en el trabajo. El precio para cada uno de los miembros del grupo en supervivencia y reproducción es compensado por el aumento de genes idénticos a los propios que se comparten con otros en el grupo debido al parentesco. Si sacrificamos nuestra vida por nuestra familia extendida, ello es más importante que si solo están emparentados lejanamente o no lo están en absoluto. En la población persistirán más genes de valentía si hacemos el sacrificio para parientes próximos.

A primera vista, este concepto de selección de parentesco, que se extiende más allá del nepotismo hasta la cooperación y el altruismo dentro de todo un grupo, parece tener un mérito considerable. Eso es lo que yo dije cuando sinteticé por primera vez la disciplina de la sociobiología en la década de 1960 y los primeros años de la de 1970. Pero está profundamente equivocada. A pesar de la excitada atención que se le dio al principio, nadie ha conseguido medir la «eficacia inclusiva», como se denomina a su propiedad fundamental. Para conseguirlo, no solo sería necesario determinar el parentesco entre pares de individuos en todo el grupo, sino también establecer las ganancias y pérdidas recíprocas en eficacia a lo largo del tiempo. Además de la dificultad técnica, las ecuaciones que se han ofrecido para llevar a cabo el análisis general han resultado ser incorrectas desde el punto de vista matemático. Hay una razón básica para este error. En el ámbito de la teoría de la eficacia inclusiva, el miembro individual del grupo, y no el gen, se consideraba la unidad de selección. La eficacia inclusiva significa lo bien que el individuo lo hace en su relación con cada compañero del grupo, descontando el porcentaje de los genes compartidos apropiados, a lo largo de toda su vida reproductiva. Por muy atractiva que sea externamente, no existe evidencia alguna de tal proceso, ni ninguna necesidad de que explique el origen del comportamiento social avanzado.

Admito que he abordado esta cuestión de manera tajante, y sé muy bien que se supone que un científico correcto ha de expresar un cierto grado de incertidumbre y hablar en términos de probabilidades. Pero es necesario cortar de raíz la confusión causada por el grupo menguante que sostiene la teoría de la eficacia inclusiva, y que pone menos énfasis en el proceso de la selección de grupo, que tiene base teórica y está bien documentado.

¿Por qué es importante esta discrepancia? Es imposible sobrestimar la importancia de la selección de grupo tanto para la ciencia como para las humanidades y, además, para los cimientos del razonamiento moral y político. Este es un tema que necesitamos abordar de forma directa y clara.

Tal como Darwin fue el primero en observar en *El origen del hombre* (ruego que se me perdone por acudir a la autoridad), la competencia entre grupos de humanos ha sido uno de los principales contribuidores a rasgos que de forma universal se han considerado nobles, es decir, aquellos que manifiestan generosidad, valentía, patriotismo que exige el propio sacrificio, justicia y liderazgo sabio. Para explicar estas cualidades únicamente con la selección individual, es necesario adoptar una visión absolutamente cínica de la humanidad, basada en genes egoístas y en los retorcidos métodos de engaño y manipulación que prescriben. El sentido común nos dice que hay algo que rige la humanidad que es muchísimo mejor. Admiramos al grupo de hermanos en la batalla, al bombero que lo arriesga todo, al filántropo anónimo, al maestro sitiado en los Apalaches.* Los héroes son reales y se hallan a nuestro alrededor. Sus buenas obras son la red de seguridad de la civilización.

Debido a la selección de grupo, y a sus consecuencias evidentes en la evolución del comportamiento social humano, hay razones para suponer que no es necesario que los me-

* Región tradicionalmente pobre de los Estados Unidos. (*N. del t.*)

jores ángeles de nuestra naturaleza nos sean introducidos a la fuerza bajo amenaza de retribución divina, sino que los hemos heredado biológicamente. Somos, por una consecuencia fortuita de los principios fundamentales de la selección natural, mucho más que salvajes amansados.

Es igualmente el caso de que el amor por la naturaleza, que ha conducido a las floras y faunas en las tierras salvajes, es algo que le llega fácilmente a la gente en todas partes, incluso a aquellos que han pasado toda su vida en ciudades. Sería un error justificar ante todo los parques y reservas como activos económicos, o incluso como clínicas de salud al aire libre. La conservación de la vida salvaje tiene un fundamento moral, independiente y suficiente por sí misma.

El origen de la moral o la carencia de la misma la sugiere la fábula del escorpión y la rana, de origen antiguo. Un escorpión quiere cruzar un río, pero no puede nadar, y le pide a la rana que lo lleve. La rana duda, y dice que el escorpión podría picarla y matarla. El escorpión dice que esto no ocurrirá, porque entonces morirían ambos. De modo que inician la travesía, y a medio camino el escorpión pica a la rana. Mientras se hunden, la rana pregunta al escorpión cómo pudo hacer una cosa tan terrible. El escorpión replica: «Porque es mi naturaleza».

10

Descubrimiento

Cada vez resulta más evidente que la selección natural ha programado cada pizca de la biología humana: cada dedo, pelo y pezón, cada configuración molecular en cada célula, cada circuito neuronal en el cerebro y, dentro de todo ello, cada rasgo que nos hace humanos.

La selección natural como gran maestro de la evolución significa que la humanidad no estuvo planeada por ninguna superinteligencia, ni estuvo guiada por ningún destino más allá de las consecuencias de nuestras propias acciones. El producto humano ha sido comprobado y revisado a menudo en cada una de los miles de generaciones a lo largo de su vida geológica. El éxito para nuestra especie en evolución supuso a su vez supervivencia durante cada ciclo reproductivo. El fracaso hubiera dado como resultado el declive en el camino hacia la extinción, y con ello hubiera terminado el juego evolutivo. Ha ocurrido en la inmensa mayoría de las demás especies, muchas de ellas ante nuestros propios ojos. La última paloma migratoria y el último tigre marsupial de Tasmania murieron en jaulas, la última alca gigante fue muerta por recolectores furtivos de huevos, y el último carpintero real fue visto huyendo de un cuervo que lo acosaba en la bóveda de un remoto bosque cubano.

La misma suerte les pudo haber sucedido a nuestros antepasados en los últimos seis millones de años. Como cualquier otra especie que sobrevive en la actualidad, la nuestra fue solo extraordinariamente afortunada. Alrededor del 98 por ciento de las especies que han vivido en la Tierra han desaparecido, para ser sustituidas por las especies hijas de las supervivientes, que se multiplicaron. El resultado ha sido un equilibrio aproximado, entre la extinción y el nacimiento, en el número de especies que evolucionaron de una época a la siguiente. La historia de cualquier linaje concreto es un viaje a través de un laberinto que cambia continuamente. Un giro equivocado, un paso en falso de la evolución, incluso un único retraso desafortunado en una adaptación evolutiva, pudieron haber sido fatales. La duración media de la vida de una especie de mamífero durante la era Cenozoica, en el tiempo en el que vivieron nuestros ancestros prehumanos, era de alrededor de medio millón de años. El linaje que condujo finalmente a la humanidad moderna se separó del antepasado común chimpancé-humano hace unos siete millones de años. Su suerte se mantuvo posteriormente. Cuando las poblaciones prehumanas se redujeron durante los tiempos difíciles hasta quizá unos pocos miles de individuos, y muchas de las especies emparentadas con la nuestra cayeron hasta cero, nuestro linaje se abrió paso a través de los seis millones de años del período Cuaternario. Continuó como una entidad que evolucionaba perpetuamente. En ocasiones, se dividió en dos o más especies. Todas continuaron evolucionando, pero solo una persistió como el linaje que, por casualidad, condujo a *Homo sapiens*. Las otras especies hermanas continuaron evolucionando, divergiendo de la línea prehumana. Con el tiempo, cada una de ellas murió o se dividió en especies hijas propias. Finalmente, todas se redujeron y desaparecieron.

Durante la mayor parte de los seis millones de años que siguieron a la separación entre chimpancés y humanos, hasta tres especies, probablemente más, que se clasifican conjuntamente como los australopitecinos, coexistieron en el país natal africano. Eran básicamente vegetarianas, y quizá consumían una pequeña cantidad de carne cuando tenían la oportunidad, como hacen los chimpancés actuales (lo que supone aproximadamente un tres por ciento del ingreso en calorías). Evidentemente, las especies variaban en el tipo de vegetación que consumían. Las que se basaban en plantas más bastas, más fibrosas, desarrollaron por evolución mandíbulas y dientes más pesados. Tomadas en su conjunto, las especializaciones representaron lo que los biólogos evolutivos denominan una «radiación adaptativa».

Fuera de la radiación, un linaje pasó a un consumo más elevado de carne, especialmente la cocida por los incendios que los rayos provocaban en praderas y sabanas. En los estadios iniciales, los grupos inventaron campamentos, al principio no más complejos que un nido de aves. A ellos añadieron el fuego controlado, algo no más difícil que transportar de un lugar a otro las ascuas de un tocón de árbol incendiado.

De este cambio elemental pero que al final fue trascendental surgió *Homo erectus*, el ancestro directo de *Homo sapiens*, no más tarde de dos millones de años antes del presente. Dicha especie ancestral pervivió hasta hace al menos cien mil años. Para entonces, el cerebro de al menos una de sus poblaciones se había hecho mucho mayor y las mandíbulas y la dentición más pequeñas y livianas.

La transición final hasta *Homo sapiens* ya estaba en marcha durante la duración geológica de la vida de *Homo erectus*, pero es más probable que se originara no en esta especie, sino antes, en su propio ancestro directo aparente, *Homo habilis*. La evidencia fósil que se ha encontrado de los habilinos es mucho más dispersa que para *Homo erectus*, y asimismo para especies de transición posteriores inmediatamente antecesoras de *Homo sapiens*.

Ya era evidente en *Homo habilis*, presente en África hace entre 2,3 y 1,5 millones de años, que se había iniciado el viraje que terminó en la humanidad moderna. En su segmento de prehistoria, la capacidad craneal, y de ahí el tamaño del cerebro, aumentó desde los 500 a los 800 cc, muy por encima del tamaño de los chimpancés modernos. Siguió aumentando, hasta el de *Homo erectus* (unos 1.000 cc) y después hasta el de *Homo sapiens* (que en promedio es de 1.300 cc o más). El umbral trascendental lo cruzaron los *Homo sapiens* primitivos: el cerebro mayor proporcionó una memoria mayor, lo que condujo a la construcción de la narración interna, y después, por primera vez en la historia de la vida, al lenguaje verdadero. Del lenguaje surgió nuestra creatividad sin precedentes y nuestra cultura.

Todavía estamos evolucionando, no por selección directa que conduzca a cerebros mayores y a una inteligencia superior, sino por la homogeneización de lo que hemos desarrollado mediante el entrecruzamiento en todo el mundo. La diversidad genética media entre poblaciones se está reduciendo de manera abrupta, mientras que la diversidad genética total de la humanidad sigue siendo aproximadamente la misma. En la biología, como en la cultura, nos estamos convirtiendo en una especie unida para siempre.

11

Cultura genética

El crecimiento exponencial del tamaño del cerebro que ocurrió durante el período habilino de la prehistoria, hace unos dos millones de años, fue la transformación más rápida en la complejidad de un organismo en la historia de la vida. Fue impulsado por un modo de evolución único, llamado coevolución gen-cultura, en el que la innovación cultural aumentó la tasa a la que los genes que favorecen la inteligencia y cooperatividad se extendieron más rápidamente; y, actuando en reciprocidad, el cambio genético resultante aumentó la probabilidad de innovación cultural.

Por un consenso muy generalizado, la situación que plantean los científicos hasta el momento se inicia con el cambio en la alimentación de uno de los australopitecinos africanos, desde una dieta vegetariana a una rica en carne cocinada. El acontecimiento no fue un cambio casual como cuando se elige de un menú, ni tampoco fue un simple cambio en el cableado del paladar. Más bien el cambio fue una remodelación hereditaria total en la anatomía, la fisiología y el comportamiento. El cuerpo se hizo más cenceño, las mandíbulas y los dientes se redujeron y se hicieron más livianos, el cráneo se abultó y asumió una forma globular. La sociedad cambió, desde una banda que vagaba a la manera de los chimpancés por un territorio protegido, con sus miembros buscando comida de manera independiente o en pequeñas tropillas, hasta un conjunto mayor y mejor coordinado constituido por equipos de cazadores y de recolectores. Todos partían y retornaban, a la manera de las jaurías de lobos, a guaridas y puntos de encuentro fijos. Estos habilinos, que poseían las manos libres y mayor inteligencia, es probable que también aprendieran a llevar el fuego al lugar, y después a mantenerlo vivo y controlado.

Esta reconstrucción teórica ha ganado terreno a partir de los restos fósiles y del estilo de vida de cazadores-recolectores contemporáneos. La carne de presas grandes era compartida, como lo es por parte de lobos, perros salvajes africanos y leones. Además, dado el grado relativamente elevado de inteligencia que poseen en general los primates grandes que viven en el suelo, el escenario estaba preparado en la evolución prehumana para un grado de cooperación y división del trabajo sin precedentes. Estos rasgos se vieron asimismo favorecidos por una competencia aumentada en las habilidades sociales entre los miembros del grupo, lo que condujo a la selección natural al nivel del individuo, y que mejoró cada vez más debido a la competencia entre grupos. La selección natural al nivel del grupo favoreció en especial el altruismo y la cooperación.

El resultado que se sigue lógicamente de estos procesos es un refuerzo positivo entre la evolución cultural y la evolución genética. Cabía esperar que cada una de ellas, por separado, aumentara la tasa de crecimiento cerebral. Juntas, ambas experimentarían un refuerzo positivo mutuo. De ahí siguió el crecimiento exponencial del cerebro, desde los habilinos a los neandertales, y de estos a los humanos modernos, lento al principio, después cada vez más rápido hasta que se alcanzó un límite debido a la contrafuerza creada por los límites físicos sobre el tamaño relativo del cráneo. Una simple circunstancia anatómica redujo y detuvo finalmente el avance del genio humano. El organismo humano en su conjunto no estaba diseñado, especialmente durante la larga era de golpeo de piedras y de lanzamiento de lanzas, para sostener una cabeza infinitamente más voluminosa y tambaleante sobre un cuello cada vez más delgado más allá de lo que consiguieron las razas primitivas de *Homo sapiens*. Hace unos trescientos mil años terminó con lo mejor que se podía hacer.

El acaecimiento de la coevolución gen-cultura es fundamental para la unidad de la ciencia y las humanidades. Considérese, por ejemplo, el proceso de envejecer. ¿Por qué hemos de morir? De manera más general, ¿por qué cada especie a su vez, la nuestra incluida y cada cepa hereditaria dentro de cada especie, de las que la humanidad tiene muchas, ha de poseer una duración de la vida característica? Si el lector busca como compañero un perro de vida larga, en oposición pongamos por caso a un pastor de ovejas o a un cazador de jabalíes, tendrá mucho más éxito con un chihuahua (duración de la vida: veinte años) que con un gran danés (duración de la vida: seis años). Las plantas tienen también la duración de la vida programada. Algunas coníferas septentrionales viven de promedio alrededor de un siglo, las magnolias un siglo y medio, y las secoyas y los pinos de los Estados Unidos sudoccidentales hasta varios milenios. Pero estos árboles también envejecen y acaban por morir. ¿Qué podría ser más importante tanto para la ciencia como para las humanidades que el ciclo biológico humano y la duración de la vida predestinada de los humanos?

La teoría dominante en biología evolutiva para explicar el envejecimiento y la muerte programados reconoce que cada especie de planta y animal ha desarrollado por evolución un estilo de vida en el que la mayoría de individuos mueren por causas externas (enfermedad, accidente, defecto congénito, desnutrición, asesinato, guerra) mucho antes de su máxima longevidad potencial. Esta era la regla severa en tiempos del Paleolítico, cuando pocas personas alcanzaban una edad de cincuenta años. Como resultado de esta tasa de mortalidad idiosincrásica y previa a la longevidad, que ha mejorado pero que todavía es de aplicación a muchos humanos en la actualidad, la selección natural tiene un vigor inicial y un impulso reproductor. Ha programado la fisiología vital y el estado mental de la juventud en los adultos más jóvenes, al tiempo que desfavorece a los adultos más viejos. Ha apostado, por así decirlo, contra la inversión en la edad madura y anciana.

Con el albor de la civilización neolítica y el advenimiento de la agricultura y el almacenamiento de alimento, junto con un alivio de la mortalidad externa, las condiciones han cambiado de una manera que redirige la selección natural a lo largo del ciclo biológico humano. Gracias al debilitamiento de los factores de mortalidad del Paleolítico mediante la evolución cultural, la longevidad promedio aumenta y la edad de reproducción se expande hasta la edad de la menopausia.

Un resultado inevitable en las generaciones futuras puede ser un cambio hereditario general al nivel de la población y no solo una extensión de la juventud y la fertilidad hasta la edad madura. El inicio de la menopausia se retrasará. El impacto en la evolución cultural y en la herencia aumentará en consecuencia.

La coevolución gen-cultura desempeñó probablemente un papel fundamental a lo largo de toda la prehistoria humana. La coevolución sigue un ciclo repetitivo constante. Aparecieron el lenguaje y la tecnología, y los beneficios darwinianos favorecieron las líneas hereditarias más capaces de usarlos.

En realidad, es posible, y creo que incluso probable, que la revolución habilina (el paso gigantesco hacia la condición humana) fuera impulsada por la coevolución gen-cultura. Durante este período de los primeros *Homo*, la cultura habría creado muy poca innovación tecnológica. Si lo hubiera hecho, la revolución del Neolítico habría llegado mucho antes de lo que ocurrió, y ninguna sociedad de cazadores-recolectores de la edad de piedra hubiera sobrevivido hasta la época actual. Por otro lado, la lógica y la evidencia acumulada señalan que la coevolución gen-cultura fue una fuerza poderosa en el origen del primitivo lenguaje oral productivo, junto a un comportamiento social complejo que supuso niveles incluso mayores de empatía y cooperación.

12

Naturaleza humana

La condición humana (lo que somos como especie, aquello en lo que queremos convertirnos, y aquello en lo que imaginamos que podemos convertirnos en carne y hueso y en sueños) depende de fenómenos a cuatro niveles. El primero es el procesamiento de las entradas sensoriales, como las del oído, la vista y el olfato; el segundo es los reflejos, como los típicos del parpadeo y el sistema nervioso autónomo; y el tercero es el paralingüístico, que comprende las expresiones faciales, los movimientos de las manos y la risa. El nivel cuarto y final es el lenguaje simbólico, la única capacidad que distingue absolutamente a *Homo sapiens* de los demás animales. Cada uno de estos cuatro niveles es alterado en mayor o menor grado por los centros emocionales del cerebro. Sometidos a la decisión en los centros de control del cerebro subconsciente, convocan recuerdos que ayudan a formar situaciones hipotéticas futuras en la mente consciente. El resultado de todos estos procesos es lo que denominamos «pensar».

La percepción sensorial está muy decantada en los humanos hacia la vista y el sonido, mientras que la inmensa mayoría de las demás especies de organismos se basan en señales químicas. Como hace tiempo que los investigadores de la psicología Gestalt descubrieron, la información sensorial que entra tiende a ser distorsionada y a ser ambigua de maneras predecibles. Las anomalías visuales incluyen el jarrón de Rubin, una imagen cuya forma pasa (en nuestra mente) de un jarrón a un par de perfiles faciales opuestos, y después pasa de nuevo a un jarrón y a las caras. Cuando un cubo de Necker, compuesto de seis caras de superficie igual, es girado y ladeado, los bordes verticales anterior y posterior parecen intercambiar lugar de manera rápida y repetida. La ilusión más engañosa y frustrante de todas es la de Müller-Lyer, en la que, como por arte de magia, una figura en forma de V que abre los extremos de una línea hace que esta parezca más larga que una línea idéntica en la que la V se coloca cerrando los extremos. La mente se esfuerza para verificar la prueba física que está programada para negar.

Hay incontables maneras diferentes en las que el sistema visual lidia con las ambigüedades del mundo real. El cerebro gestiona la confusión de las entradas visuales reordenando y simplificando automáticamente la información que proporciona. Cuando a voluntarios en un laboratorio se les pidió que hicieran dibujos de figuras que habían memorizado anteriormente, procedieron a crear formas más generalizadas que las que habían experimentado. En particular, mejoraron la simetría, simplificaron la figura, resaltaron las subdivisiones, enderezaron líneas oblicuas y aislaron innumerables detalles.

Los reflejos, que forman el segundo nivel del comportamiento, están realmente programados y son independientes del pensamiento consciente, excepto en la memoria posterior. El estornudo es un reflejo, como lo son el reflejo rotuliano, el parpadeo involuntario, ruborizarse, bostezar y salivar. El reflejo más complejo es la respuesta de sobresalto. Imagine el lector que se acerca por detrás y sin ser visto a alguien, muy cerca, casi tocándolo, y que emite un fuerte ruido (no recomiendo que lo haga realmente). Instantáneamente, la persona se tirará hacia delante, agachará la cabeza, cerrará los ojos y abrirá la boca. La función del reflejo de sobresalto es la defensa. Piénsese en un cazador del Paleolítico que, acechado por detrás y atacado por un depredador (un leopardo, pongamos por caso), rueda instantáneamente hacia delante y lejos en una postura general relajada. De esta manera, la decisión correcta y la acción célere se consiguen sin que sea necesario el pensamiento consciente.

Expresiones faciales, posturas y movimientos corporales, las señales paralingüísticas que componen el tercer nivel de la naturaleza humana, son exhibidas conscientemente y, a la vez, son compartidas en algún grado por todas las culturas. También son usadas universalmente como sustitutos o mejoras del lenguaje verbal. Durante su estudio de campo clásico en la década de 1960, el antropólogo alemán Irenäeus Eibl-Eibesfeldt demostró en minucioso detalle que personas de todas las sociedades, desde las primitivas y precultas hasta las modernas y urbanizadas, usan la misma gama amplia de señales paralingüísticas. Estas implican sobre todo expresiones faciales, que denotan, de maneras diversas, miedo, placer, sorpresa, horror y repugnancia. Eibl-Eibesfeldt vivió con sus sujetos y además, para evitar comportamientos conscientes, los filmó en su vida cotidiana con una lente en ángulo recto, por lo que el sujeto cree que la cámara está dirigida a otro lugar. Su conclusión general fue que las señales paralingüísticas son rasgos hereditarios compartidos por toda la humanidad.

Los patrones de acción fija universales o casi universales incluyen el movimiento rápido de las cejas para expresar sorpresa agradable ante un encuentro: ojos muy abiertos, cejas levantadas y boca sonriente. En los niños y algunas mujeres, la timidez ante un encuentro se expresa cortando el contacto visual, a menudo escondiendo la cara tras las manos abiertas al tiempo que se aparta la cabeza. Una cara juguetona la asumen los adultos con niños pequeños en la familia y a menudo incluye mordiscos de mentira. El juego difiere como rasgo genético entre los chicos y las chicas: los chicos suelen dedicarse a luchas fingidas, solos o en coalición, como una manera de expresar dominancia.

Los recién nacidos agarran con manos y pies, y gatean a cuatro patas en busca de un pezón. Los infantes emplean cinco sonidos: contacto, desagrado, sonidos mientras duermen (estos, cuando se dan, indican a la madre que todo va bien; cuando faltan, algo no funciona). Además, un sonido de beber significa también que todo va bien cuando el infante mama, y su ausencia, de nuevo, sugiere quc algo va mal. Finalmente, llorar enérgicamente significa hambre, dolor, malestar o miedo.

Que todas estas señales y movimientos están programados genéticamente viene respaldado por su aparición en infantes ciegos, sordos y mudos. Aunque dichos niños no tienen experiencia visual o auditiva previa, se dedican a las mismas sonrisas y lloros apropiados, así como tranquilidad para denotar un estado mental neutro. Además, cuando se les deja solos un rato (sin contacto táctil), se dedican a morderse las uñas y muestran expresiones faciales de desesperanza. Si se les perturba, muestran las palmas abiertas, un gesto de alejar.

A medida que han ido avanzando los análisis de la forma primigenia de comunicación, también lo ha hecho la riqueza observada de su vocabulario universal. Una serie de señales contiene posturas que exhiben dominancia en el seno de los grupos, así como, ante todo, los medios para conseguirla. Resultan ser similares a los de los monos y simios sociales del Viejo Mundo. Deborah H. Gruenfeld, una psicóloga social de la Universidad de Stanford, descubrió que las personas se sienten más poderosas (y con frecuencia lo son en realidad) cuando exhiben los siguientes rasgos en presencia de compañeros de grupo: se comportan de manera expansiva, mantienen las manos alejadas del cuerpo, mantienen contacto visual mientras hablan pero se sienten libres de mirar a otra parte a su conveniencia. No se explican en detalle. Toman posesión del espacio que les rodea, ya se trate de una sala de juntas o de un cubículo de la oficina, con el fin de decirse a sí mismos, y por implicación a los demás: «Esta es mi mesa, esta es mi habitación, vosotros sois mi audiencia». Los que practican el comportamiento de dominancia tienen niveles más altos de testosterona y niveles menores de cortisol, la hormona del estrés.

Otro distintivo de dominancia muy primitivo, incluso hereditario, es descansar con indiferencia en una posición física por encima de los subordinados, ya sea sobre una plataforma, un trono, una torre, una tribuna de victoria o un ático. Contemplar físicamente a otros desde arriba, especialmente en una postura relajada, es subordinarlos. No hace mucho, en Madrid, pude pasar dos días enteros en el Museo del Prado. Presté poca atención a una exposición especial sobre Gauguin, pues mis genes plebeyos me impulsaron a contemplar perplejo los retratos de los Habsburgo. Están allí en todo su esplendor imperial, cada uno de ellos dominante de forma suprema como si lo fueran por la gracia de Dios. Uno de ellos es Felipe IV, rey de España, que Rubens retrató póstumamente, montado a caballo en una elevación del terreno, servido por un ángel que vuela sobre su cabeza. Muy lejos y abajo hay soldados enzarzados en una batalla de la guerra de los Treinta Años. Las gentes pequeñas luchando y muriendo, Felipe distante y tranquilo. Se ha girado un poco en su posición para encararse al observador, y mira imperturbable hacia abajo, en nuestra dirección.

Como estudiante del comportamiento innato en animales y humanos, observé con admiración el uso de precisamente esta técnica en un colega concreto a lo largo de décadas en la Universidad de Harvard. Notoriamente débil en investigación después de su llegada a Harvard, negligente en los deberes del departamento y en la enseñanza a los estudiantes, mantenía el prestigio mediante una actuación experta de posición dominante en las reuniones del profesorado. Cuando llegaba, se paseaba por la sala y terminaba sentándose junto al jefe del departamento o al decano de la facultad, charlaba con él *sotto voce*, al tiempo que inspeccionaba a los colegas que iban llegando con una mirada inquisitorial inmutable. Por lo general no iba preparado por no haber trabajado en casa el tema que se iba a discutir, pero transformaba el posible bochorno en una postura de dominio al dirigirse al presidente cuando empezaba la reunión, y mirando a los demás como si hablara en su nombre, le decía: «Bien, lo que quiero saber es...». En aquel tiempo pensé mucho en esta estrategia exitosa, que también había observado en machos dominantes de chimpancés. Las posturas, las expresiones faciales, las miradas intencionadas eran totalmente parecidas.

Aun así, los psicólogos sociales han descubierto que las señales no verbales hereditarias pueden variar mucho en el detalle concreto, en función del contexto en el que se expresan. En 2015, un equipo internacional de psicólogos dirigido por Paula Marie Niedenthal y Magdalena Rychlowska, de la Universidad de Wisconsin, descubrió mediante análisis de datos masivos que la comunicación mediante la sonrisa depende en buena parte de lo diversa que fue la gente que fundó el país en el que residía la persona estudiada. Las sonrisas que señalan una intención amistosa en oposición a una intención agresiva o competitiva eran más comunes en países de orígenes diversos:

> Durante las interacciones con extraños, la presencia de una sonrisa predice de forma fiable la confianza y el compartir recursos. Además, observar las sonrisas que acompañan al comportamiento cooperativo aumenta la cooperación de uno en el futuro. Negociar el nivel social es otra cuestión. Este tipo de interacción social es complejo y potencialmente disruptivo en culturas homogéneas, como las del Japón o de la China, donde la estabilidad a largo plazo de la población creó las condiciones favorables para el desarrollo de jerarquías fijas. En circunstancias parecidas, una sonrisa puede señalar que la interacción no perturbará el orden social, donde las características específicas de la sonrisa transmiten escarnio y crítica entre otras señales de condición social superior.[6]

Volviendo a la biología, la variabilidad en la forma y el significado de las señales programadas conduce a una parte del proceso fundamental de la coevolución gen-cultura: la reducción y el endurecimiento de la propia variación como un rasgo innato por la evolución mediante selección natural. Denominada primero efecto Baldwin, por el psicólogo americano James Mark Baldwin, que la concibió en 1896, la coevolución gen-cultura tiene una relevancia sustancial para el origen evolutivo de la naturaleza humana. En esencia, es el principio de que cuando una variante en un comportamiento aprendido resulta ventajosa y se repite con frecuencia, las mutaciones que la prescriben, en lugar de dejarla como una opción simplemente aprendida, aumentarán en frecuencia, y con el tiempo el nuevo rasgo acabará por fijarse.

El efecto Baldwin queda ilustrado de manera llamativa en las castas de hormigas y termes. Charles Darwin estaba fascinado por estos insectos. Pasó largas horas sentado en su jardín de Downs, observando los hormigueros que allí había, y pensando; tanto, que se cuenta que una criada observó, refiriéndose a William Makepeace Thackeray, el prolífico novelista que vivía en la vecindad: «Es una pena que míster Darwin no tenga alguna cosa para pasar el tiempo, como míster Thackeray».

De hecho, el gran naturalista estaba más preocupado de lo que Thackeray pudo haberlo estado mientras bregaba con cualquiera dc sus argumentos y desenlaces. Darwin se había dado cuenta de algo acerca de las hormigas que parecía contradecir la teoría de la evolución mediante evolución natural y que podía resultar fatal para la misma. Darwin sabía que las colonias de hormigas típicas constan de la reina madre más unos pocos machos que si están presentes son huéspedes temporales, y, finalmente, muchísimas hembras obreras que hacen funcionar la colonia y realizan todo el trabajo. Su dilema era este: las obreras no se reproducen; la mayoría son estériles, y en algunas especies carecen totalmente de ovarios. Si las hormigas obreras no pueden reproducirse, y si por lo tanto son incapaces de transmitir su anatomía y comportamiento serviles, ¿cómo pudieron haber evolucionado estos rasgos mediante selección natural? La respuesta que Darwin concibió ha resultado ser correcta (de forma irritante, el hombre estaba casi siempre en lo cierto). Darwin razonó así: todos los miembros femeninos de la colonia poseen la misma herencia. En qué casta se convierta cada hembra, ya sea reina u obrera, con su forma del cuerpo y comportamiento distintivos, depende del ambiente en el que se cría. Especialmente importante es la cantidad y la calidad del alimento que recibe mientras crece desde una pequeña larva en forma de queresa hasta un adulto de seis patas que mueve las antenas. Los detalles de la determinación de casta varían mucho entre las 14.000 especies conocidas de hormigas, pero en las que se han estudiado hasta ahora, el desarrollo ha resultado ser una versión de programación lineal basada genéticamente. Un código que los investigadores han resuelto tiene la regla siguiente: si una larva alcanza un cierto tamaño a una edad predeterminada, su desarrollo continúa sin cesar hasta el siguiente punto de decisión, produciendo al final una nueva reina, con una dotación completa de alas y ovarios. Si, en cambio, la larva no alcanza el punto crítico en el tiempo, el crecimiento de los tejidos destinados a convertirse en alas y ovarios se detiene, y el adulto aparece como obrera (áptera, estéril y de menor tamaño que sus hermanas reinas vírgenes), aunque todos los individuos de la nidada de la colonia son genéticamente idénticos.

El equivalente humano de la determinación de la casta, con variación generada por una forma genética de programación dinámica, existe en lo que los psicólogos denominan «aprendizaje preparado». El fenómeno se halla en la base del instinto humano y de lo que todos percibimos como naturaleza humana y que, a su vez y expresado de manera creativa, es la médula que rige las humanidades.

Un ejemplo de libro de aprendizaje preparado es el terror a las serpientes; no se trata del miedo y de la cautela ordinarios que se puede sentir cuando se nos acerca un perro que ruge o de destellos de relámpagos cercanos, sino de una revulsión visceral y devastadora que nos deja paralizados. Un niño puede aprender a amar a las serpientes. Puede transportarlas sin temor, como si fueran mascotas, como yo hice, lo que me valió el apodo de «Serpiente Wilson» en el instituto T. R. Miller en Brewton, Alabama, un pueblecito encantador (Clayville en mi novela *Anthill*) que tenía un equipo de fútbol victorioso y un solo herpetólogo residente, yo. Me encantaba enseñar a otros que cuando las serpientes se habitúan al contacto humano, descansan en nuestras manos o se mueven sin causar daño entre nuestra ropa, presumiblemente a la caza de ratones y ranas. Su piel es correosa al tacto, no pegajosa como muchos suponen, y su lengua de rápidos movimientos es un inocente órgano del olfato, no un dardo venenoso.

Pero si un niño es asustado por una serpiente (solo una vez y solo un poco, y casi de cualquier manera concebible, incluso con imágenes y relatos aterradores o viendo algún objeto cilíndrico que se retuerce en el suelo), es probable que adquiera de golpe una profunda aversión a todas las serpientes, o peor, una fobia total, autónoma y que durará toda la vida, con efectos paralizantes.

En otras palabras, la ofidiofobia parece un instinto, y en un cierto sentido esto es así (como en el sentido tradicional del término). Pero la aversión a las serpientes también es aprendida, y de manera fácil, de un modo programado para que sea rápida y claramente dirigida. ¿Cuál fue la causa última del instinto de evitación de serpientes? La respuesta evidente es el peligro letal al que los seres humanos y sus antepasados prehumanos se enfrentaron durante millones de años. Solo un pequeño porcentaje de especies de serpientes son venenosas, pero estas pocas son los animales más peligrosos sobre la superficie emergida de la Tierra. La tasa de muerte más elevada por mordeduras de serpientes se encuentra en el Sureste asiático (víboras, sumadores, cobras y búngaros). Una de las ocupaciones más arriesgadas del mundo bien pudiera ser la recolección de hojas de té, entre las que acechan ocultas abundantes víboras de Russell: grandes, agresivas, mortíferas y difíciles de ver. Las serpientes venenosas son casi universales en las regiones tropicales y templadas del mundo. Mordeduras letales, aunque son muy raras, todavía se dan incluso en Finlandia y Suiza.

Al igual que fantasmas de nuestro pasado geológico, otros animales potencialmente peligrosos han impuesto su propia fobia genética. El miedo instintivo a las arañas, aracnofobia, que yo tengo en una forma suave y que nunca he podido eliminar completamente, tiene un período sensitivo que empieza hacia los tres años y medio de edad y persiste durante toda la infancia. El miedo a los insectos en general («bichos» para los que son propensos al miedo) es mayor entre los niños de seis a ocho años que posteriormente. El miedo preparado de animales mayores no se desarrolla de ordinario antes de los cinco años de edad, pero para los perros (y, por lo tanto, en tiempos antiguos, para los lobos) puede aparecer hacia los dos años de edad.

Es un hecho notable que la capacidad inmediata de adquirir aversiones condicionadas y fobias se halla limitada casi por entero a riesgos adquiridos en la naturaleza por nuestros distantes antepasados humanos y prehumanos a lo largo de incontables milenios. Además de varios enemigos humanos, incluyen espacios cerrados, alturas, agua corriente y exposición a extraños fuera del hogar. Nuestra especie todavía no ha tenido tiempo de desarrollar fobias a cuchillos, armas y automóviles, que son, con mucho, los agentes de muerte más frecuentes en la vida moderna.

Si nos acercamos más a la médula más estética de las artes creativas, la medición de las ondas cerebrales alfa ha revelado que la máxima excitación generada por diseños abstractos se consigue con aproximadamente el 20 por ciento de redundancia en los elementos, que viene a ser la misma cantidad de complejidad que se encuentra en un laberinto simple, o en dos vueltas de una espiral logarítmica, o en una cruz asimétrica. Menos complejidad da la sensación de una simplicidad poco atractiva, mientras que más complejidad se interpreta como «atestada». Parece relevante que aproximadamente el mismo grado de complejidad está presente en mucho arte de éxito en frisos, enrejados, colofones, logografías y diseños de banderas.

El mismo nivel de complejidad caracteriza parte de lo que se considera atractivo en el arte primitivo y en el arte y el diseño modernos. El principio de complejidad óptima puede ser una expresión de una limitación en el cerebro para captar el conjunto de un simple vistazo. El mismo principio lo obedece el número siete, la cantidad de objetos que pueden contarse en una sola ojeada, sin descomponer la imagen en unidades, que han de contarse y después sumarse.

Las humanidades todavía no han conseguido habérselas con la naturaleza quimérica de nuestra mente y con la creatividad. Nos gobiernan emociones inscritas en nuestro ADN por acontecimientos prehistóricos poco conocidos y comprendidos solo parcialmente. Mientras tanto, infinitamente desconcertados, hemos sido catapultados a una era tecnocientífica que con el tiempo puede suministrar instrucciones adecuadas a los robots, pero no los antiguos valores y sentimientos que nos mantienen indeleblemente humanos.

La belleza infinita de la vida sobre la Tierra. Cada «copo de nieve» lo ha compuesto la artista a partir de imágenes múltiples de especies de invertebrados. (Los miembros del Departamento de Zoología de Invertebrados de la Universidad de Harvard que contribuyeron con imágenes de invertebrados fueron: Tauana Cunha, Sarah Kariko, Vanessa Knutson, Laura Leibensperger y Kate Sheridan. Kate Sheridan realizó la tarea de fotografiarlos y juntar las imágenes para obtener los copos de nieve mediante Photoshop.)

IV

Incluso mientras nuestra especie destruye el mundo natural a una tasa que va acelerándose, la naturaleza sigue siendo una fuente de amor y temor profundos. Mientras nos apresuramos a cubrir la Tierra con un ambiente humanizado, deberíamos (tendríamos la obligación de) hacer una pausa para considerar cómo y por qué existe nuestra relación con la naturaleza. Este grado de comprensión de nosotros mismos, como sugeriré a continuación, solo puede conseguirse mediante una fusión de la ciencia y de las humanidades.

13

Por qué la naturaleza es la madre

Durante casi todos los cien mil años que la humanidad ha existido, la naturaleza era nuestro hogar. En nuestro corazón, en nuestros temores y deseos más profundos, todavía estamos adaptados a ella. Diez mil años después de la invención de las granjas, las aldeas y los imperios, nuestro espíritu mora todavía en la patria ecológica del mundo natural.

No vivimos ni podemos hacerlo durante mucho tiempo fuera de este ambiente que se autosustenta. Existimos en un nicho biológico estrecho que en último término depende de su generosidad. El mundo natural tiene un poder que nos hace menos arrogantes y una vida eterna, de modo que es con buena razón que lo denominamos Madre Naturaleza. Nuestra actividad lo ha dañado, pero esto no es nada nuevo. Para la larga trayectoria geológica, la humanidad es solo otra perturbación. Dejemos que hable por los eones, metafóricamente, como hizo la actriz Julia Roberts, actuando en nombre de Conservation International:

Realmente, no necesito a la gente, pero la gente me necesita
Sí, vuestro futuro depende de mí
Cuando yo prospero, vosotros prosperáis
Cuando yo flaqueo, vosotros flaqueáis o peor aún
Pero hace eones que estoy aquí
He alimentado a especies mayores que vosotros, y he hecho pasar hambre a especies mayores que vosotros
Mis océanos, mi suelo, mis ríos que fluyen, mis bosques, todos pueden tomaros o dejaros
Como elijáis vivir cada día, si me tenéis consideración o si no me la tenéis no me importa realmente
De una u otra manera vuestras acciones determinarán vuestra suerte, no la mía.[7] *

Somos los hijos revoltosos de la Tierra, que abandonamos el hogar para triunfar en la ciudad. Pero, como están descubriendo los científicos, y yo he destacado, todavía hay muchísima Madre Naturaleza en nuestros genes. Durante nuestra larga permanencia en el mundo natural, la evolución ha dejado un sello indeleble (la metáfora de Darwin) en la manera en que nos comunicamos mediante la postura y la expresión facial. También estamos fijados de manera innata en la elección del ambiente en el que más deseamos habitar. Gracias a investigaciones pioneras de Gordon H. Orians, de la Universidad de Washington, y de otros científicos y estudio-

* *I don't really need people but people need me / Yes, your future depends on me / When I thrive, you thrive / When I falter, you falter or worse / But I've been here for eons / I have fed species greater than you, and / I have starved species greater than you / My oceans, my soil, my flowing streams, my forests, they all can take you or leave you / How you choose to live each day, whether you regard or disregard me doesn't really matter to me / One way or the other your actions will determine your fate not mine.*

sos de las humanidades, tenemos una buena idea de lo que puede llamarse el instinto de la selección de hábitat. Cuando se les ha preguntado, personas de diversas culturas han expresado preferencia por la siguiente ubicación del hogar: situado sobre terreno elevado que se abre a una amplia extensión de sabana tachonada de pequeños árboles y bosquecillos, con una elevación de superficie rocosa o de bosque denso en la parte de atrás que actúa como barrera; y finalmente, cerca de un lago, un río u otra masa de agua. Su paisaje deseado se acerca mucho al ambiente africano en el que se originaron nuestros antepasados humanos y prehumanos.

Artistas de Asia, Europa y Norteamérica muestran la misma combinación en sus cuadros de ambientes pastorales y forestales. En líneas generales, evitan ambientes prístinos de la zona templada septentrional, caracterizados por densos bosques de árboles caducifolios y de coníferas. Cuando se pinta un ambiente de este tipo, se suaviza típicamente mediante una inserción de prados y lagos. Esto deja espacio para las preferencias instintivas de los ancestros de la humanidad.

Orians ha refinado la «hipótesis de la sabana» al incluir también organismos. La forma de los árboles ampliamente usados por los jardineros (desde los templos de Kioto hasta las fincas baroniales de Inglaterra) posee rasgos en común con las acacias dominantes en las sabanas africanas: tienden a tener un dosel arbóreo excepcionalmente amplio en relación con su altura modesta, troncos cortos y hojas pequeñas y divididas. Los japoneses han cultivado arces y robles durante mil años, buscando perfeccionar precisamente estas cualidades. Puedo atestiguar que, incluso antes de conocer la hipótesis de la sabana, mis árboles favoritos eran (y siguen siendo) los arces japoneses.

¿Cuál puede ser la ventaja adaptativa de la preferencia humana por un hábitat como la sabana africana? Es lógico buscar una. Todas las especies animales conocidas que son móviles necesitan buscar el ambiente que mejor se adecua a su supervivencia y reproducción. Han de encontrar su camino hasta el lugar adecuado exacto, y llegar allí rápidamente y con una precisión infalible. ¿Por qué no habríamos de esperar encontrar al menos un vestigio de esta propensión en los seres humanos modernos?

Una vez di una conferencia en un congreso de arquitectos del paisaje, y durante la misma puse énfasis en la biofilia, el amor innato por el contacto con otros organismos vivos. Entonces la arquitectura de biofilia apenas empezaba a tener aceptación profesional. Incluí la hipótesis de la sabana de la preferencia humana del hábitat. Me sorprendió lo que me pareció su respuesta relativamente tibia. ¿Habría sido yo demasiado abstruso o bien no habría conseguido explicarme adecuadamente? Más tarde le pregunté a un arquitecto amigo si yo había sido poco claro, y me respondió: «¡Oh, no! Es simplemente que ya sabíamos todas estas cosas».

Existe una razón sencilla y fácil de comprobar de por qué la patria de sabana modeló nuestros anhelos primigenios. Desde un posadero elevado, los humanos primitivos tenían una amplia visión de los animales que pastaban y de los enemigos que se acercaban. Vivir cerca de una masa de agua les aseguraba el suministro de la misma incluso durante sequías graves. También proporcionaba una fuente accesoria de comida. La fisonomía distintiva de las acacias, con ramas bajas y que se extienden horizontalmente, permitía trepar rápidamente a ellas para escapar de los leones y otros depredadores lo bastante grandes para derribar a un humano. Las espaciosas ramas horizontales eran soportes en los que descansar y aguardar a los perseguidores. También servían como estación desde la que otear el terreno local en busca de sus propias presas.

Corresponde al ámbito de la biología evolutiva preguntarse por qué la mayoría de la gente goza de un paseo por los bosques, y por qué la experiencia contribuye a una buena salud física y mental. Está el valor del ejercicio, desde luego, pero hay algo más que opera en lo profundo de nuestra psique. En nuestros corazones, todavía somos de una u otra forma cazadores y recolectores. De modo que sígame el lector, en una época imaginada y muy retrasada en el tiempo, para cazar junto a uno de nuestros antepasados del Paleolítico.

> *Con el fin de sobrevivir hemos de mantener los ojos abiertos y nuestros oídos atentos. Caminemos un kilómetro, a campo a través, no a lo largo de una senda: a los depredadores y a los exploradores enemigos les gusta esperar escondidos a lo largo de las sendas. Un hábitat adecuado sería un bosque maduro de árboles deciduos en cualquier lugar templado de Europa, Asia o Norteamérica. Verás plantas y animales a los que previamente no habías prestado atención; y serán solo una minúscula fracción de las especies vivas y no vistas a unos pocos metros de distancia a cada lado: decenas de especies de plantas, musgos y líquenes; incontables hongos, y miles de arañas, milpiés, ciempiés, ácaros, colémbolos y así sucesivamente a través de una lista de organismos cuya biología es todavía desconocida en gran parte o totalmente. (Un puñado puede contener, incluso si el lector está en el Rock Creek Park de Washington D. C. o en el Central Park de Nueva York, especies a la espera de que la ciencia las descubra.)*

Esto es lo que quiero destacar: la experiencia de la naturaleza, para los que han aprendido a absorberla, es un pozo mágico. Cuanto más extraes de él, más queda por extraer. En las primeras visitas a ambientes naturales, pasaremos por alto la mayor parte de lo que es interesante. Posteriormente veremos más cosas, y después todavía más, y empezaremos a poner nombres a lo que vemos. Entonces aparecerán todavía más detalles. Descubriremos que cada especie es un relato en sí misma. Yo tuve un amigo que, después de jubilarse en Florida, seguía la pista de cada mariposa atalanta o almirante rojo* en su jardín trasero, generación tras generación, desde oruga a adulto. Esto puede parecer una actividad vana, pero puedo decirle al lector que encontró que los almirantes rojos son mariposas territoriales complejas con personalidades individuales. Sus observaciones tenían mérito científico.

No es necesario viajar hasta la Amazonia o el Congo para experimentar un ambiente natural. Existe suficiente novedad y desafío en lo que me gusta llamar microambientes salvajes. Ha surgido un nuevo género de escritos sobre naturaleza para explorar el potencial de pequeñas parcelas con mucho detalle. Annie Dillard fue una pionera en su *Pilgrim at Tinker Creek*, que obtuvo el premio Pulitzer en 1974. Entre otros ejemplos notables se cuentan *Following the Water: A Hydromancer's Notebook* (2009), de David M. Carroll; *The Forest Unseen* (2012),** de David George Haskell, y *A Buzz in the Meadow: The Natural History of a French Farm* (2015), de Dave Goulson. Estas obras, que combinan historia natural científica con interpretación poética, hacen que aparezca lo invisible, que lo pequeño aumente de tamaño y que la belleza de la vida se experimente de manera más evidente en todas sus dimensiones.

* *Vanessa atalanta*. (*N. del t.*)

** Hay traducción española: *En un metro de bosque. Un año observando la naturaleza* (Turner, 2014). (*N. del t.*)

Una biodiversidad aparentemente infinita empaquetada en un espacio pequeño, una imagen que Darwin describió en su famosa frase del «ribazo enmarañado» en el párrafo final de *El origen de las especies*, no pudo haber pasado inadvertida al menos a algunos artistas creativos. Me ha atraído la obra bien conocida de Jackson Pollock *Ritmo de otoño*, de 1950, que vista con mirada astigmática podría representar el primer atisbo de una frondosa cuneta inglesa u otro ecosistema, y me encantó conocer posteriormente que el artista pretendía de hecho que fuera una representación de la naturaleza. Fuera lo que fuese que Pollock tuviera en mente para otros en el conjunto de su obra, tuve la misma sensación, quizá idiosincrásica por mi parte, especialmente para su *Número 8*.

No obstante, artistas creativos en todos los campos se han quedado muy cortos a la hora de explotar el potencial de los ambientes naturales y de la diversidad biológica que hay en ellos. Ahí está la evolución que conduce a la multiplicación de las especies, así como el caos inicial que cristaliza en ecosistemas ordenados; y especies invasoras que obliteran ecosistemas naturales antiguos; y muchos más procesos naturales y provocados por el hombre que pueden traducirse en ideas y emociones mediante una descripción poética y visual evocadora.

14

El trance del cazador

La absorción en el ribazo enmarañado es el trance en el que entra un cazador experto cuando busca una especie concreta de planta o animal. Al cazar una única presa, el cazador opera como un tigre, solo, y no en jauría, como un lobo. Conoce muy bien los más nimios detalles del lugar y del ambiente en el que vive su presa. Está alerta ante cualquier cambio sutil en el suelo y la vegetación que pueda delatar la ruta del animal que busca. Ha de estar preparado para acechar a su objetivo a distancia, dando cada paso detenidamente, como si se tratara de un asunto literal de vida o muerte. O bien puede esperar inmóvil durante horas en una emboscada. Para conseguir una pieza, ha de saber qué comportamiento cabe esperar de la presa: cuándo esta podrá percibirlo, desde qué dirección y cuándo estará dispuesta a salir huyendo. El cazador experto tiene más éxito cuando percibe el *Umwelt* igual que su presa. Para unos pocos, la experiencia es espiritual, y eleva al cazador a un nivel superior de consciencia.

En *The Hunter's Trance* (2007), Carl von Essen cita a un

cazador que un día acechaba a una manada de uapitíes en las mesetas de Colorado:

> Di con huellas frescas de varios ciervos, entre los que había un macho. La mañana era radiante y soleada, con una ligera brisa en mi cara, lo que me aseguraba que podría situarme razonablemente cerca de mi presa. Después de quizá una hora de seguir la pista lenta y cuidadosamente, llegué a un largo calvero de cincuenta metros de ancho. Si los ciervos estaban cerca advertirían que yo cruzara el prado cubierto de nieve medio derretida. Solo me quedaba permanecer completamente quieto y prestar una atención total a la ladera opuesta. Ahora notaba su presencia, y de alguna manera sabía que ellos sentían la mía. Mientras estaba allí, la sensación del tiempo cambió de manera notable. Lo que me parecieron minutos descubrí después que había sido más de una hora. Me embargó una sensación intensa de la claridad de la escena. Todos mis sentidos parecían aguzarse hasta un exquisito filo de navaja. Oía los más débiles sonidos de los arroyos distantes y el crujido de las hojas como si los hubiera aumentado un amplificador celeste. Todo parecía estar más cerca de mí y yo sentía, de manera asombrosa, una especie de fusión de mí mismo con todo, una sensación de pertenencia. Yo estaba conectado con todo en aquel panorama, la hierba, los árboles, las rocas, los insectos, las aves, los ciervos que yo sabía que se desplazaban lentamente ladera arriba, fuera del alcance de mi vista. Sentía un gran subidón de emoción, una alegría por estar vivo, la oportunidad de vivir junto a todo lo demás. Nunca olvidaré aquel día.[8]

No hace falta un rifle Winchester ni la sed de un ritual de sangre sobre la presa abatida para experimentar el trance del cazador. Como naturalista me he acercado a esta sensación. Pero incluso más importante para el naturalista que el estado de tipo zen de consciencia total es *la imagen de búsqueda*, la combinación de rasgos de una especie de planta o animal que permite al rastreador encontrarla como un elemento entre mil oculto en la enormidad de un ecosistema. No puedo encontrar palabras para describir el placer que siento, incluso en la actualidad, como naturalista a la caza de especies raras y poco conocidas. Pero puedo contarle al lector un par de relatos.

Una de mis mejores experiencias que demuestra el poder del motor de búsqueda del naturalista fue el descubrimiento de los zorápteros, un grupo excepcionalmente raro y esquivo de insectos. Un día de primavera, temprano, durante mi primer año en la Universidad de Alabama, recorría yo la pista del bosque mixto de coníferas y deciduos que reseguía el cercano Hurricane Creek en busca de especies de hormigas nuevas e inusuales. Retiré la corteza de un tocón podrido de pino. Debajo estaban los espacios característicos tapizados de detritos excavados previamente por larvas de escarabajos. Este nicho particular es un lugar de anidación favorito para hormigas pequeñas y raras de ver y otros habitantes crípticos. Había algunos en el tocón que elegí. Empezaron a escabullirse, hacia las fracciones de corteza que quedaban, y hacia un refugio oscuro. En conjunto constituían una mezcolanza, una rala mezcla de pequeños arácnidos esquizómidos parecidos a escorpiones, colémbolos, ácaros oribátidos y escarabajos anónimos de tamaño reducido. Pero alguna otra cosa en esta cueva en miniatura captó mi atención: varios insectos pequeños que se parecían vagamente a termes, igualmente blancos y alargados, pero de menor tamaño, más delicados, con movimientos más rápidos y erráticos cuando, también ellos, retrocedían en busca de refugio.

Recolecté varios especímenes vivos y los llevé a mi espacio de laboratorio en el Josiah Nott Hall para examinarlos bajo el microscopio. Pronto descubrí que eran una especie del género *Zorotypus*, un insecto tan distintivo en su anatomía que merecía ser clasificado en un orden de insectos propio, llamado zorápteros, de rango igual a la clasificación zoológica de todas las moscas (orden dípteros), así como todos los escarabajos (orden coleópteros) y todas las polillas y mariposas (orden lepidópteros).

También figuran, según descubrí, entre los insectos más raros: el primero había sido descubierto en 1918. Desde aquella fecha, a los zorápteros se les ha dado el nombre común de «insectos ángel». Merecen totalmente este apelativo. Son como pequeños corderos que pastan, blancos y puros (el término griego *zor* significa 'puro'), inocuos y vulnerables frente a los depredadores de aguzadas mandíbulas que hay a su alrededor; se alimentan de esporas de hongos, al igual que nosotros comemos setas acabadas de colectar.

Se me ocurrió entonces que una razón por la que los zorápteros habían permanecido ocultos durante tanto tiempo podría ser que se han especializado en vivir en el microambiente concreto en el que yo había tenido la buena suerte de encontrarlos. Este barrunto resultó ser correcto. Pronto me encontré descubriendo fácilmente mis insectos ángel cuando hice trizas los tocones de pino elegidos por hallarse en el grado exacto de descomposición. Un tocón podrido resultó ser la imagen de búsqueda de zorápteros dondequiera que yo mirara. Pronto publiqué uno de mis primeros artículos científicos, «Los zorápteros de Alabama». El informe fue leído, porque pronto otros entomólogos se dedicaron a una especie de deporte, encontrando a estos insectos en gran parte del paisaje oriental americano. ¿Acaso podría yo encontrar zorápteros en otros lugares? ¡Sí! Más adelante, dedicado a la investigación postdoctoral en Harvard, localicé casualmente los primeros zorápteros conocidos de Nueva Caledonia y Nueva Guinea en el Pacífico Sur. Otros encontraron especies en América Central. Más tarde, uno de mis estudiantes graduados, Jae Choe, escribió su tesis doctoral sobre el ciclo biológico de los zorápteros en Panamá.

A veces, se encuentran especies extraordinarias después de una búsqueda minuciosa, otras veces se las descubre accidentalmente en un vislumbre fugaz. En 1955, me hallaba yo en una parte de Nueva Guinea poco explorada desde el punto de vista biológico, desplazándome con un grupo de hombres papuanos locales, todos ellos cazadores expertos. Ascendíamos por una selva sin senderos en la base de la península de Huon, hacia el centro de la cordillera Saruwaged, que se eleva hasta unos 3.600 metros. Llegamos a la cumbre al cabo de cinco días, y nos encontramos en una pradera fría y lluviosa tachonada de cicas parecidas a palmeras. En aquel entonces yo pensaba que era el primer no nativo que había explorado esta parte de la cordillera Saruwaged, pero posteriormente descubrí que una botánica americana, Mary Strong Clemens, una señora muy fuerte de mediana edad, me había precedido en la década de 1930. (A buen seguro, Clemens merece un nicho en el panteón de las feministas pioneras.)

Mi objetivo, aparte de la excitación de ver un ecosistema en la cumbre de una montaña visitado por muy pocos científicos, era recolectar hormigas para la colección de investigación global de Harvard. Busqué otros especímenes de posible interés (y recolecté una nueva especie de rana). Las hormigas que descubrí cambiaban de especie a medida que subíamos por las zonas de vegetación más altas. También se hacían cada vez más escasas, hasta que no puede encontrar ninguna por encima de los 2.200 metros de altitud.

Entre las pocas hormigas que recolecté a medida que penetrábamos en los tramos inferiores del bosque montano había un espécimen con una anatomía extraña, que caminaba lentamente por una hoja de un matorral del sotobosque. Busqué por todo el suelo y en la vegetación del entorno, pero no puede localizar el nido de su colonia ni encontrar siquiera otro individuo.

Ahora, sesenta años después, estoy dispuesto, aunque admito el prejuicio, a nominar a aquella hormiga como uno de los animales más hermosos del mundo. El lector puede descartar este juicio debido al pequeño tamaño del espécimen, pero le pido que primero imagine aumentar sus cinco miligramos de peso a cinco kilogramos, con lo que igualaría a un ave de tamaño grande o a un mamífero de tamaño medio. Pocos de estos animales en cualquier parte del mundo, y he visto muchos en mi vida, pueden competir con esta diminuta hormiga montana.

La armadura quitinosa del cuerpo de la hormiga es de un pardo negruzco reluciente, con una sensación de metal coloreado y pulido. Líneas paralelas de surcos corren desde el borde anterior de los ojos hasta la inserción de las mandíbulas, y parecen formar líneas opuestas de dientes aguzados como agujas. El color oscuro del cuerpo da paso a varios matices de ferruginoso brillante en las antenas y las seis patas. La hormiga es una hembra, como lo son todas las hormigas obreras, y también tuvo que haber sido una feroz guerrera. No sé a qué enemigos se enfrentaba ni que presas cazaba, y me gustaría mucho saberlo, porque su armamento es asombroso. Un rasgo sorprendente es un par de espinas inmensas que se inclinan hacia atrás como los cuernos de un carnero, y que se elevan desde la parte posterior de la parte media del cuerpo, claramente dirigidas a proteger la esbelta cintura de la hormiga. Un par de espinas más cortas, que se parecen a las de un rosal, protegen el cuello, igualmente vulnerable. Otras dos espinas se dirigen hacia atrás desde el primer segmento, atraviesan su articulación y se acercan al segundo segmento.

El primer espécimen de esta especie lo describió en 1915 un entomólogo alemán, que le dio el nombre de *Lordomyrma rupicapra*. El primer término incluye la expresión griega para «hormiga». El segundo, *rupicapra*, toma prestado el nombre del rebeco, gamuza o sarrio europeo (*Rupicapra rupicapra*), porque cuando se miran desde arriba, las líneas y las formas de la parte central del cuerpo recuerdan la forma de una cabeza de rebeco.

La historia del descubrimiento, hace más de un siglo, no fue más que un acontecimiento muy pequeño en una expedición realizada al estilo grande y antiguo de la historia natural europea, cuando todavía se conocían menos cosas de la fauna y flora de Nueva Guinea. Robert W. Taylor, un experto actual que estudia las hormigas de la región, con aquel espécimen único captó el registro e, igualmente importante, el espíritu de la empresa. El relato figura entre los mejores de la historia natural exploratoria, y vale la pena citarlo completo:

> Es muy probable que el holotipo de *L. rupicapra* fuera recolectado a una altitud elevada, probablemente una localidad del bosque nuboso. El recolector, S. G. Bürgers, era oficial médico y zoólogo en la notable Expedición Fluvial Alemana de la Emperatriz Augusta (1912-1913), que durante 19 meses exploró la cuenca del río Sepik y su cabecera. El equipo científico viajó hasta mucho más arriba de los 900 kilómetros de aguas navegables en barco de vapor. Se organizaron cuatro expediciones por tierra que en total duraron 3 meses. Todos los

> afluentes del Sepik que se extienden hacia el oeste más allá de la antigua frontera entre la Tierra del Emperador Guillermo y la Nueva Guinea Holandesa (que es la de las actuales Papúa-Nueva Guinea y Papúa Occidental Indonesia) se exploraron hasta sus cabeceras, y se entró en las cordilleras Bewani y Torricelli (al norte) y en la cordillera central (al sur; Sauer, 1915; Behrmann, 1917, 1922). La narración del geógrafo Behrmann menciona la recolección de especímenes en un «pico alto, húmedo, de 2.000 m», y que cruzaron hasta «la cordillera Schrader, a 2.000 m» (aproximadamente 4° 59' S, 144° 05' E). Los registros del botánico de la expedición, C. L. Ledermann, del Nationaal Herbarium Nederland, incluyen cuatro localidades por encima de los 1.000 m de elevación en el monte Lordberg (4°50' S, 142°29' E), 1.000 m; monte Hunstein (4°29' S, 142° 42' E), 1,350 m (donde se pasaron 17 días en la cumbre); y «Holrungberg, 1.800-2.000 m». Las coordenadas que se citan son las de los campamentos de la expedición.[9]

Podría haber dejado sin comentar el descubrimiento de esta especie, excepto que el relato de su captura combina dos arquetipos residentes tanto en la ciencia como en las humanidades. El atractivo de la exploración geográfica y del descubrimiento científico que me llevó hasta Nueva Guinea puede convocarse todavía en las tierras vírgenes que aún quedan en la Tierra. No pueden hacer otra cosa que un llamamiento a las artes creativas, abogando por una mayor atención al mundo natural vivo.

Con la misma finalidad, terminaré mi explicación del *ethos* del cazador con un relato de mi encuentro en 1952 con Vladimir Nabokov, que era mi alma gemela en historia natural. Yo era un estudiante graduado de veintitrés años, que trabajaba en mi tesis doctoral en el Museo de Zoología Comparada de Harvard. Nabokov tenía cincuenta y tres años, y su fama como novelista en lengua inglesa había de llegar todavía. Yo sabía que era un lepidopterólogo, un especialista en mariposas. Su especialidad eran las mariposas azules, insectos pequeños, de hermosos colores que componen la familia taxonómica licénidos. Previamente, Nabokov había tenido un empleo trabajando en la colección de mariposas de Harvard, y los especímenes que añadió a la misma los celebran actualmente tanto los historiadores de la literatura como los entomólogos. Sin que yo supiera de su talento literario, lo visité únicamente para ampliar mi conocimiento de las mariposas y otros insectos, como yo hacía con todos los entomólogos que venían al museo.

Nabokov me contó una historia personal sobre mariposas que tenía un giro divertido. Había conocido al capitán de un barco que recientemente había visitado las Kerguelen, un archipiélago remoto en aguas de la Antártida que rara vez es visitado por nadie y que todavía tiene una historia natural en su mayor parte desconocida. Nabokov se mostraba excitado por la promesa de un ambiente tan remoto. «¿Y había mariposas?», preguntó. «No», repuso el capitán. «Ninguna. Solo un montón de estas pequeñas cosas azules».

¡Kerguelen! Nos entusiasmamos hablando de aquellos lugares de la Tierra en los que especies desconocidas esperaban nuestro descubrimiento. Al año siguiente, con una beca de tres años que me permitía ir adonde quisiera y hacer lo que quisiera (siempre que consiguiera «algo extraordinario», como exigía el compromiso de la beca), viajé alrededor del mundo en busca de especies desconocidas de hormigas: bosques montanos de Cuba, las laderas superiores de picos volcánicos de México, pluviselvas en los archipiélagos del Pacífico Sur de Nueva Caledonia y Vanuatu, la cordillera Saruwaged y otras partes de Nueva Guinea, y el borde occidental de la llanura de Nullabar de Australia, inexplorada en su mayor parte. En cada lugar busqué gozosamente algo extraordinario. ¿Cómo podía hacer yo otra cosa que encontrarlo en la aventura de la historia natural?

Y así comprendo perfectamente bien al cazador de ciervos en las montañas Rocosas y al lepidopterólogo que nos visitó hace mucho tiempo. Nabokov expresó más tarde su visión; escribió:

> El mayor gozo de intemporalidad es cuando me encuentro entre mariposas raras y sus plantas alimento. Esto es éxtasis, y detrás del éxtasis hay algo más, que es difícil de explicar. Es como un vacío momentáneo en el que se precipita todo lo que amo. Un sentido de unidad con el sol y la piedra. Una emoción de gratitud a quien pueda interesar... al genio a contrapunto de la suerte humana o a los tiernos fantasmas que complacen al afortunado mortal.

Para mí, el mismo sentimiento retornó fugazmente, pero con toda su fuerza, en 2016, cuando fui invitado a ser Científico Principal Invitado (en ausencia, ¡ay!, debido a mi edad)* a una expedición a la isla Heard. Esta segunda isla en aguas de la Antártida es todavía más remota y accidentada que las Kerguelen, y tiene un volcán activo. Escribí al jefe de la expedición, Robert W. Schmieder, que desde luego me sentía muy honrado. Lo aceptaría, añadí, a condición de que el equipo buscara hormigas. «No encontraréis ninguna. El clima es demasiado húmedo y demasiado frío. Pero solo con saber que las buscáis me hará sentir mejor.»

* Wilson tenía entonces 87 años. (*N. del t.*)

15

Jardines

A lo largo de las estepas del Paleolítico de Europa y Asia, y remontándonos en el tiempo por más de 35.000 años, los antepasados de los humanos modernos y de su especie hermana, los neandertales, enterraron a sus muertos, dejando un tesoro escondido para los arqueólogos de hoy en día. En tumbas superficiales, los antiguos solían incluir objetos domésticos y ornamentos de la parte superior del cuerpo que pertenecían al muerto. Muy pocas de tales tumbas descubiertas hasta ahora, solo tres por cada mil años, habían sido decoradas de manera elaborada, lo que sugería una condición social elevada de su ocupante.

En los albores del Neolítico, caracterizado por la agricultura, el almacenamiento de los excedentes alimentarios y aldeas establecidas, los deudos empezaron a añadir lechos de flores a las tumbas. Las más antiguas conocidas, datadas en 13.700 años antes del presente, se encuentran en cuatro lugares de la cueva Raqefet, en el monte Carmelo, en el norte de Israel.

Existe una razón lógica por la que flores y jardines tengan una consideración tan alta hasta llegar a la época moderna.

La poeta naturalista Diane Ackerman lo ha expresado casi a la perfección:

> La fragancia de una flor declara a todo el mundo que es fértil, que está disponible y es deseable, con sus órganos sexuales rezumando néctar. Su olor nos recuerda de maneras vestigiales la fertilidad, el vigor, la fuerza de la vida, toda la expectativa óptima y la floración apasionada de la juventud. Inhalamos su ardiente aroma y, no importa la edad que tengamos, nos sentimos jóvenes y núbiles en un mundo encendido de deseo.[10]

Las flores adornan nuestra literatura, nuestras modas, nuestras ceremonias religiosas. Anuncian nuestros ritos de iniciación y significan nuestras celebraciones. Clavadas en los ojales y preparadas en guirnaldas, anuncian nuestro estado, nuestro propósito y nuestra conducta para el día.

La belleza y el aroma de las flores no surgieron simplemente para el deleite humano. Entre las plantas que los producen, es decir, las angiospermas (las más de 370.000 especies de plantas con flores del mundo), su finalidad es puramente sexual. Las flores sirven para atraer a los polinizadores, en su mayoría insectos, pero además y según la especie, un conjunto grande de aves e incluso unos pocos mamíferos. La relación es simbiótica, «mutuamente simbiótica», para ser preciso, en la que ambos consortes se benefician de la relación.

Las estrategias que emplean las diferentes especies para conseguir la simbiosis han evolucionado como para deleitar al ego artístico humano. Las orquídeas *Dendrolobium*, prominentes epífitos tropicales, poseen grupos de flores delicadas, modestamente rosadas, que surgen de entre sus hojas estrechas. Los ciclámenes ofrecen flores aparentemente amorfas, rojas o blancas, en medio de amplias hojas conspicuamente brillantes con verde y blanco, que pretenden ser las verdaderas estrellas del espectáculo. La *Columnea* villancico de Navidad, que desafía en brillo a cualquier arte humano, posee flores tubulares rojas que surgen de enredaderas trepadoras entre hojas modestamente pequeñas.

Estos ejemplos y otros incontables son de plantas que preparan partes de su cuerpo para exhibirlas. Dependen de socios que son animales diurnos que poseen visión de los colores. De la misma forma, la relación ha evolucionado en el sentido opuesto. Algunos animales han desarrollado por evolución mediante selección natural visión de los colores con el fin de recolectar el polen y el néctar ofrecido por las plantas. Los dos tipos de consortes, planta y animal, han coevolucionado como socios necesariamente iguales.

Los humanos se han percatado de esta simbiosis a nivel mundial y la han llevado más allá, creando una nueva forma de arte basada en las flores. El diseño floral tiene una historia larga, consistente y brillante. Por ejemplo, en un retrato de san Francisco, de 1640-1645, el pintor español Francisco de Zurbarán pinta toda la longitud de la túnica del santo surgiendo de un conjunto oscuro y disperso de lirios que la rodean y que reflejan los tonos de la piel de la cara del santo dirigida hacia arriba. Cubierta con hojas de palma, repiten los ángulos de su túnica.

Buscando un ambiente completamente distinto, Jean Honoré Fragonard, en su *Mademoiselle Marie-Madeleine Guimard*, expresa los excesos autocomplacientes del *ancien régime* de manera total. La célebre cantante y bailarina, que se consideraba que era una de las mujeres más hermosas de Francia según los cánones de la época, está rodeada por ristras de sus amadas rosas que le cruzan la cabeza y recorren sus brazos, mientras que su forma está envuelta por una cascada de otras rosas. *Mademoiselle* Guimard, en resumen, se ha convertido en una flor.

Radicalmente diferente de estos dos ejemplos clásicos es la asombrosa serie *The Moods of Morning* (1935), de Paul Manship. Una de las esculturas es de un hombre en posición supina que se despierta; tiene un paralelo en la base en forma de brotes de muchas especies, que empujan hacia delante hasta un grupo apical de lirios y flores de aves del paraíso. En palabras de la crítica de arte Victoria Jane Ream, el ramillete final es «más abierto, más intenso, y termina en una explosión de color y forma» que representa el despertar total del sujeto humano.

En un ámbito diferente, flores y frutas rodeadas de esculturas han adornado los jardines ornamentados desde los inicios de la civilización. Los jardines en general han sido los instrumentos clave de la agricultura, y la agricultura fue el medio por el que la humanidad evolucionó desde las bandas cazadoras y recolectoras del Paleolítico hasta las comunidades civilizadas. La agricultura fue inventada múltiples veces en todo el mundo y de forma independiente, y en cada continente habitado, con excepción de Australia, en fechas diversas, desde hace unos doce mil años en Oriente Medio hasta hace cinco mil años en el Nuevo Mundo. Probablemente se originó de una u otra de dos maneras. Primero fue la observación directa de que las semillas y frutos comestibles originaban plantas que producían más semillas y frutos comestibles. Alternativamente, habría existido una tendencia de que grupos de personas se instalaran cerca de árboles, arbustos y plantas herbáceas que eran excepcionalmente productivas, y se desembarazaran de las demás. De ahí se siguió, lógicamente, la domesticación mediante selección de las plantas más productivas, y por lo tanto la agricultura.

Los jardines, como el mundo natural que representan, tienen un efecto reconstituyente y curativo. Las personas profanas han sentido siempre su poder, y los científicos han puesto a prueba y demostrado sus efectos saludables. En una de tales pruebas, a unos voluntarios se les mostraba primero un filme estresante, y después vídeos de espacios naturales o urbanos. Los que vieron escenas de naturaleza experimentaron una reducción del estrés, medido como latidos del corazón, presión sanguínea sistólica, tensión muscular facial y conductancia eléctrica de la piel. Pero no a los que se les mostraron escenas de ciudades. Otros estudios han revelado, como cabía esperar, una reducción similar de los síntomas de estrés en presencia de plantas y acuarios previamente a operaciones quirúrgicas y a manipulaciones dentales. Además, los clientes postquirúrgicos se recuperan más rápidamente, padecen menos complicaciones y necesitan menos dosis de analgésicos cuando se les deja contemplar ambientes naturales o simplemente fotografías de naturaleza en las paredes del hospital.

Con la acumulación de riquezas y el auge de las jerarquías sociales, los gobernantes y los ricos podían permitirse jardines ornamentales para mostrarlos y para su placer. Posteriormente, por ejemplo en Francia, España, Japón y Sri Lanka, estos jardines se abrieron al público. En la actualidad, los jardines públicos son universales en la mayoría de sociedades y proporcionan placer a todas las clases.

Los propietarios en los Estados Unidos y en la mayor parte de Europa convierten de forma rutinaria su propiedad en simulaciones de la naturaleza, que por lo general consisten en céspedes y árboles y arbustos sobre todo ornamentales. Aun así, aunque los beneficios de la naturaleza son innegables, los constructores paisajistas cometen de forma rutinaria y sin querer dos errores que dañan al ambiente mayor que ellos y sus clientes aman de manera instintiva. El primero es su obsesión con los céspedes. A la gente le gustan los espacios abiertos, y es muy probable que haya sido así desde el nacimiento de la humanidad en las sabanas africanas. Un césped, sin embargo, figura entre los peores ambientes posibles en todo el mundo, solo por detrás del cemento pelado. Cada césped (si dejamos de lado los dientes de león, heroicamente rebeldes) es un monocultivo de especies alóctonas, feroces consumidoras de agua que también exigen aplicaciones regulares de fertilizantes, herbicidas tóxicos e insecticidas, cuyo excedente acaba por percollar hasta los acuíferos y las aguas de cabecera.

Igualmente preocupante es que la mayoría de constructores paisajistas seleccionan árboles y arbustos ornamentales sobre la base de su belleza percibida, con poca o ninguna consideración por su origen geográfico. Elegir especies exóticas en lugar de especies nativas tiene profundas implicaciones para el ambiente, y la más importante es la producción mucho mayor de insectos que proporcionan las plantas nativas. Douglas W. Tallamy, un ecólogo de vida salvaje, encontró que los insectos que se alimentan de plantas leñosas nativas en Pensilvania producen cuatro veces la biomasa de los que se alimentan de plantas exóticas. Tallamy atribuía la diferencia a la reducida capacidad de los insectos nativos con piezas bucales masticadoras para comer plantas alóctonas, sobre las cuales sus especies no evolucionaron. Encontró que las especies nativas sostenían treinta y cinco veces más biomasa de orugas en concreto (principalmente larvas de polillas) que las especies exóticas.

Preferir árboles y arbustos que producen *más* insectos puede parecer la manera equivocada de funcionar en la planificación del paisaje, pero ocurre exactamente lo contrario.

Los insectos, en especial las orugas, son la dieta preferida de los polluelos de aves canoras. Las plantas leñosas nativas producen más aves, y por lo tanto un ecosistema total más rico. Una población saludable de aves proporciona un control para los aumentos desenfrenados de población de insectos plaga, como la polilla lagarta y el barrenador esmeralda del fresno, especies euroasiáticas.* Además, al mantener a las poblaciones de aves nativas a un nivel sostenible, contribuimos a reducir el riesgo de extinción de las especies de aves más raras. Sustituir las especies de plantas exóticas por especies nativas alternativas, que son atractivas de manera comparable y más interesantes en todos los aspectos, no solo es sensato desde el punto de vista ambiental, sino que también tiene una buena relación entre coste y eficacia. Se trata de la mejor conservación personalizada.

La biofilia, un instinto que está bien respaldado por los estudios humanistas y por la investigación científica, atrae a los humanos al resto de la vida sobre la Tierra y nos proporciona una enorme satisfacción. Aunque apenas hemos empezado a comprender el origen evolutivo y el impacto neurobiológico de este instinto, el diseño biofílico se ha convertido en una novedad creciente en arquitectura. El prototipo célebre es Fallingwater, de Frank Lloyd Wright. Esta morada, ocupada por primera vez en 1937, está enclavada estrechamente en un bosque a horcajadas de una cascada, con una parte frontal encarada ladera abajo, sus dos pisos voladizos parecen cornisas rocosas, y el murmullo del agua se oye desde el interior; todavía está en pie, como un ideal histórico de la acomodación de la humanidad a la naturaleza.

* *Lymantria dispar* y *Agrilus planipennis*, respectivamente, que son plaga en Norteamérica. (*N. del t.*)

Una obra maestra biofílica posterior es la embajada de Finlandia en Washington, D. C., diseñada por Mikko Heikkinen y Markku Komonen, y que ha recibido importantes premios por su diseño y su eficiencia energética. El interior está completamente abierto a la luz solar, lo que proporciona visibilidad en todas direcciones. En mi opinión, la característica más notable del edificio es su emplazamiento, no sobre un prado perfectamente cuidado, sino al borde de un bosque no perturbado en el Rock Creek Park. La mitad de Finland Hall está encerrado por una pared de vidrio al nivel del suelo que da al interior del bosque desde solo unos pocos metros de distancia.

A finales del siglo XXI, si las proyecciones demográficas actuales son correctas y el planeta tiene suerte, la población humana llegará aproximadamente a diez o doce mil millones de personas, alrededor del 50 por ciento más de las que viven en la actualidad. La inmensa mayoría vivirá en ciudades. ¿Qué aspecto tendrán estas ciudades, que servirán de hogar a una biomasa de mamíferos anormalmente densa? ¿Se convertirán en cordilleras de rascacielos de piedra, de clima controlado, cumpliendo así todas las visiones distópicas, y en cuyo interior se cumplirán todas las necesidades y deseos de sus habitantes (de manera parecida a como hacen los macrotermes en sus termiteros africanos)? ¿O bien los urbanistas encontrarán alguna manera para dejar entrar la naturaleza, para que la gente se halle más cerca de su propia y antigua herencia genética? ¿Nos permitirán seguir siendo completamente humanos?

Una manera de dejar entrar a la naturaleza, que yo propuse en *Half-Earth*, sería disponer de pantallas de televisión que ocuparan toda la pared, en las que pudiéramos contemplar desde nuestra casa los mejores hábitats naturales que quedan, en tiempo real. Lo que yo elegiría personalmente sería un abrevadero natural del Serengeti, un dosel arbóreo de la selva amazónica, un arrecife coralino indonesio, el viaje de un gran tiburón blanco marcado electrónicamente a lo largo de la costa del Pacífico, y el bosque algal microscópico de un manantial termal de Yellowstone (que muchos expertos consideran que es un retazo de uno de los más antiguos ecosistemas de la Tierra).

Además, no sería muy difícil introducir partes del mundo natural en nuestras ciudades, tal como señalan Timothy Beatley en *Biophilic Cities: Integrating Nature into Urban Design and Planning* (2011) y otros arquitectos urbanos de ideas parecidas. Los parques actuales y otros que se están planeando podrían sembrarse para que sostuvieran una rica biodiversidad nativa. El instinto y la oportunidad han abierto el camino para una gran metamorfosis. Se puede dejar que solares vacíos, intersticios entre edificios y bandas no usadas de tierras de ribera regeneren su fauna y flora naturales y se utilicen para el ocio y la educación (tal como practica el programa Chicago Wilderness, por ejemplo). Jardines y ecosistemas naturales gestionados pueden plantarse sobre espacio no utilizado de tejados y, utilizando plantas trepadoras y vegetación natural propia de acantilados, adornar incluso los lados de rascacielos. No hay ciudad cuyos habitantes, una vez tengan aseguradas sus necesidades personales, no puedan gozar alrededor de su casa de un aleteo de mariposas, de una procesión de flores de principios de primavera e incluso de un ocasional y emocionante vuelo en picado de un halcón a través de un pequeño retazo, pero auténtico, de bosque nativo.

The Ancient of Days, William Blake, 1794, su obra favorita, muestra al dios Urizen creando la segunda Ilustración. Blake pensaba que Urizen era un dios malvado, porque inventó la ciencia con el fin de obligar a la humanidad a pensar únicamente de una manera.

V

Cuanto más detenidamente examinamos las propiedades de las metáforas y de los arquetipos, más evidente resulta que la ciencia y las humanidades pueden fusionarse. En la frontera de nuevas disciplinas creadas, también debería ser posible revigorizar la filosofía e iniciar una Ilustración nueva y más tolerable.

16

Metáforas

Pero ved: la aurora, envuelta en su manto de púrpura, viene pisando el rocío de aquella empinada colina que se ve hacia el oriente.

Horacio le habla así a Marcelo en *Hamlet*, cuando una simple exclamación, «¡Mirad! Ya rompe el alba», hubiera bastado. Pero nos gusta la poesía y amamos la gran poesía. La poesía, y asimismo mucha prosa, se construye con metáforas, que el crítico literario I. A. Richards define como «un cambio, pasar una palabra de su uso normal a un nuevo uso».

Para empezar, la invención del lenguaje, definido como la expresión del pensamiento mediante sonidos a los que se da un significado arbitrario, fue el logro supremo de la evolución humana, genética en su origen, cultural en su elaboración. Sin la invención del lenguaje habríamos seguido siendo animales. Sin metáforas seguiríamos siendo salvajes.

Las metáforas son el artificio por el que se inventan nuevas palabras, combinaciones de nuevas palabras y nuevos significados de palabras. Un contenido poético añadido otorga emoción al lenguaje. El lenguaje impelido por la emoción crea motivación, que impulsa la civilización. Cuanto más avanzada es una civilización, más complejas son sus metáforas. Incluso los glosarios de física y de ingeniería se construyen con ellas.

Una frase bien forjada que implica la identidad esencial de dos cosas comparadas es una metáfora. Considere el lector lo que decía Yeats al hablar de las hermanas que vivían en la gran casa inglesa Lisadell, en que

> Imágenes de la mente, recuerdan
> Aquel parloteo y la charla de la juventud,
> Dos muchachas en kimonos de seda, ambas
> Bellas, una de ellas una gacela.*

En la metáfora, observa el crítico Denis Donoghue, «la naturaleza de la muchacha pasa a la naturaleza de la gacela, como si ambas procedieran de una fuente luminosa. Esto es lo que tiene dar nombre: no se trata de observar un atributo aquí o allí, sino de reconocer una naturaleza completa y darle el nombre que le es destinado».

Las metáforas también son esenciales para el humor. Mis dos ejemplos favoritos son, primero, para la persona extrovertida, temeraria y dominante, «Un elefante en una cacharrería», y segundo, para el narcisista, «Dime de lo que presumes y te diré de lo que careces».

Las metáforas dejan libre la imaginación para que busque imágenes vivificantes. Nos permiten cruzar límites, emitir pequeñas descargas de sorpresa estética y de humor, y con ello consiguen matices y perspectivas nuevas. Permiten una

* *Pictures of the mind, recall / That gabble and the talk of youth, / Two girls in silk kimonos, both / Beautiful, one a gazelle.*

expansión infinita del lenguaje, y de las ideas identificadas por ellas. El crecimiento ha sido exponencial, con un tiempo de duplicación de aproximadamente tres siglos. El número de palabras* se acercaba en tiempos de Chaucer a las 73.000, en la época de Shakespeare a las 208.000, y en el uso actual, según el *Oxford English Dictionary*, es de 469.000. Si se incluye la jerga tecnológica y comercial, es posible que el número futuro se duplique de nuevo fácilmente y en un espacio de tiempo más corto.

Las palabras pueden ser arbitrarias en su origen, pero las metáforas no lo son. En cambio, tienden a situarse en categorías de respuesta emocional humana innata. Dicho de otra manera, el instinto las limita en cierto grado. Entre las metáforas basadas en animales, por ejemplo, «vulpino» (de zorro) significa astuto, reservado, egoísta; «porcino» (de cerdo) connota gordo, pegajoso, desaliñado; «leonino» (de león) significa posesión de fuerza, valentía, majestad; «serpentino» (de serpiente) significa envidioso, seductor, maligno y, en algunas sociedades, poderoso y benefactor. En las diferentes culturas, los humanos usan de manera consistente características de naturaleza física para las metáforas. El sol, por ejemplo, significa iluminación y sabiduría; el hielo y la nieve, quietud, retiro o muerte. El mar supone a menudo enormidad, madre, nacimiento o misterio.

No se pretende que las metáforas expresen la verdadera naturaleza de las entidades que las inspiraron. Su significado procede de la manera en que algunas de sus características afectan a nuestros sentidos y emociones idiosincrásicos humanos. En esta percepción, son en parte instintivas y en parte aprendidas, en parte genéticas y en parte culturales. Las me-

* Del idioma inglés. (*N. del t.*)

táforas predecibles se entretejen para crear los arquetipos de las artes creativas. Se detectan fácilmente como argumentos y personajes estereotipados en los relatos. Pueden ser imprecisas e incluso manidas, pero son el pan y la sal de la literatura y el teatro.

17

Arquetipos

Mientras que las metáforas son las piezas fundamentales del lenguaje, los arquetipos forman parte de los cimientos comunes de la emoción humana. Los arquetipos, compuestos de narraciones e imágenes universales, han sido reconocidos en la cultura occidental desde que Aristóteles analizó el trágico héroe de Sófocles en *Edipo rey*. Su procedencia no es un accidente de la evolución cultural. Forman parte de la historia profunda, obediente a los sesgos genéticos instintivos adquiridos por evolución mediante selección natural. Algunas de sus causas últimas se remontan a decenas de miles de años, a una época en la que los humanos se dispersaban desde África a todo el globo habitable. Otras se forjaron en nuestros distantes ancestros animales, hace millones de años.

Ejemplos de arquetipos surgidos del instinto de base genética se pueden encontrar en la predisposición de los humanos actuales a adquirir fobias irracionales contra serpientes, arañas y otros peligros antiguos. Evidentemente, también se muestra en el hábitat ideal que describe la hipótesis de la sabana, el terreno abierto y elevado cerca de una masa de agua. Ambas predisposiciones tienen una base hereditaria demostrable. En otras palabras, son instintos comparables al deseo programado de búsqueda de hábitat que impulsa a todos los demás organismos.

Tiene sentido que las narraciones en la literatura y en las artes dramáticas tiendan a agruparse en categorías naturales. Esta propensión está claramente delineada en el cine. Las películas son arte, y las grandes películas son gran arte. Si esto se da por sentado, es natural preguntar qué filmes son los más grandes y, más importante todavía, ¿por qué? En 1999, Richard D. McCracken, un antropólogo y experto en cine, hizo una encuesta a miembros del Gremio de Directores de América para conocer su opinión acerca de los diez filmes y las diez escenas de la historia más distinguidas hasta aquella fecha, y también las razones de su elección. A los directores se les pidió que evaluaran como relevantes la cualidad de su relato favorito en la originalidad de su contenido, la actuación de los actores, el tema musical y la fotografía. Al recurrir al análisis de McCracken, y añadir algunas opiniones propias, de aficionado pero sentidas, he identificado arquetipos clave que creo que ilustran de manera diversa. También he especulado con las fuerzas de la selección natural que guiaron su evolución genética. (Cualquier error en las agrupaciones y en la interpretación es responsabilidad mía.)

Arquetipos en las grandes películas

El héroe

Por lo general, él, pero cada vez más ella, lucha solo o bien reúne a otros en la lucha contra enemigos de poder aparen-

temente abrumador. Una situación hipotética, visceralmente agradable, que puede ser interpretada racionalmente como el producto instintivo de interminables guerras de los prehumanos y los humanos primitivos.

Ejemplos:

Alexander Nevsky (1938). Vencedor de los caballeros teutónicos en una batalla épica sobre el helado río Neva.

Alien (1979) y *Aliens* (1986). Ripley, interpretada por Sigourney Weaver, la guerrera feminista definitiva, vence a algunos de los extraterrestres más terroríficos que hayan invadido un plató de Hollywood.

Conspiración de silencio (1955). Un veterano manco de la segunda guerra mundial da una paliza a un bravucón racista.

Billy, el defensor (1971). Un experto indio en artes marciales da un repaso a todo un grupo de bravucones racistas.

Casablanca (1942). Al final, un carácter noble brilla a través de la fanfarronería y el cinismo de Bogart.

Fitzcarraldo (1982). Con gran esfuerzo, el protagonista, con la ayuda de una tribu nativa, supera la dificultad suprema de acarrear un barco grande de un río de la Amazonia a otro, atravesando una colina.

Gunga Din (1934). En la India, un héroe improbable surge de entre la gente común para salvar a sus amos coloniales.

Enrique V (1944). En la batalla de Agincourt, el discurso del rey, soberbiamente inspirado, es seguido de la victoria sobre los franceses, mejor armados.

Solo ante el peligro (1952). La confrontación entre el personaje de Gary Cooper y una pandilla de malhechores empeñados en vengarse está considerada de manera general como la mejor de su clase, aunque yo prefiero el electrizante duelo final entre el asesino de Henry Fonda y el vengador de

Charles Bronson en *Once Upon a Time in the West [Hasta que llegó su hora]* (1969).

El último mohicano (1992). Tribu contra tribu, después las dos contra una tercera tribu, con Ojo de Halcón, el noble salvaje.

El héroe trágico

Un héroe tribal, y a veces toda la tribu, posee un nivel elevado y poder. Sin embargo, debido a un defecto fatal, el héroe o la tribu caen y son destruidos. A lo largo de la prehistoria y de la historia, los poderosos se han encumbrado así, solo para acabar cayendo.

Ejemplos:

El motín del Caine (1954). Un capitán de navío sigue rígidamente el protocolo hasta llegar a la locura, y finalmente su tripulación se rebela.

Ciudadano Kane (1941). Una crítica mordaz del poder material que se extralimita.

Gallipoli (1981). Tribu contra tribu (los británicos invaden Turquía); una expresión perfecta de la futilidad de la guerra moderna.

El padrino, I, II y *III* (1972, 1974, 1990). La mayor serie de crímenes en la historia del cine sigue el rastro del tribalismo desde el poder a un poder todavía mayor, después a la traición, la degradación y la muerte.

Lawrence de Arabia (1962). Un héroe global ve cómo su sueño se evapora en manos de los líderes diplomáticos de su propia tribu europea.

Sunset Boulevard [El crepúsculo de los dioses] (1950). Drama, ego, y locura al final de la brillante carrera de Norma Desmond.

El monstruo
Los antepasados prehumanos y humanos vivían constantemente con el temor de los grandes depredadores que los acechaban y se los comían. Serpientes venenosas prácticamente en toda el área de distribución de la humanidad todavía son capaces de matar.

Ejemplos:

Los pájaros (1963). La «naturaleza» contraataca con un terrorífico ejército de emplumados vengadores.

Planeta prohibido (1956). Luchando contra el ataque de un demonio gigantesco generado por la mente en un clásico temprano de la ciencia ficción.

Frankenstein (1931). «¡Está vivo!» No se ha hecho nunca un mejor filme de horror.

La invasión de los ladrones de cuerpos (1955, nueva versión de 1978). Nadie puede confiar en nadie mientras los extraterrestres guían a los humanos contra los humanos para conquistar la Tierra.

Tiburón (1957). La cosa real que hay en el agua, aterradora de principio a fin.

King Kong (1933). El original, el que vi por primera vez como un niño fascinado, aterrador al principio, dulce como un gatito al final. La nueva versión de 2005 fue una obra maestra de efectos especiales.

Nosferatu (1921). El primero de los filmes de vampiros que nos gustaron a lo largo de un siglo.

Psicosis (1960). Tony Perkins refleja casi todos los horrores familiares que la locura puede producir, incluyendo el asesinato, el incesto y la necrofilia.

El silencio de los corderos (1990). Otra ilustración, igualmente escalofriante, de un asesino loco.

La búsqueda

Los ancestros prehumanos y humanos eran cazadores-recolectores, obligados a buscar constantemente animales que cazar y recursos vegetales dentro de su área de campeo. Los descubrimientos de fuentes nuevas y ricas de agua, de rebaños de animales o de alimentos vegetales daban vida a la tribu, y fueron el origen de muchos de sus relatos y leyendas.

Ejemplos:

2001: Una odisea del espacio (1968). El origen y evolución de la humanidad, de misterio en misterio, durante un vuelo en busca de una civilización extraterrestre.

Carros de fuego (1981). Religión, honor y valentía en la lucha por el oro olímpico.

Indiana Jones y la última cruzada (1989). ¡Al fin! ¡Se ha encontrado el Santo Grial! Sin embargo, el descubrimiento tiene consecuencias catastróficas, que culminan en su segunda desaparición.

En busca del arca perdida (1981). ¡El Arca de la Alianza también se ha recuperado! También con consecuencias catastróficas y desaparición.

El tesoro de Sierra Madre (1948). Un viaje por territorio peligroso en busca de riquezas fáciles tiene éxito, pero termina en asesinato.

El vínculo de pareja

Sin referencia al sexo, dos hombres, o dos mujeres, u ocasionalmente un hombre y una mujer, unen fuerzas en una lucha por la libertad al tiempo que son perseguidos por fuerzas hostiles. Una parábola del poder, a lo largo de los tiempos, de altruismo heroico y cooperación.

Ejemplos:

La reina de África (1951). Los personajes radicalmente diferentes que representan Bogart y Hepburn desarrollan una relación íntima en el África colonial durante la primera guerra mundial mientras huyen de los alemanes río abajo.

Dos hombres y un destino (1969). La asociación en el crimen da sus frutos, hasta el sangriento final.

El cazador (1978). La escena de la ruleta rusa es la expresión fílmica definitiva de valentía y sacrificio: íntima, desgarradora e inolvidable.

Arma letal (1989). Colegas con personalidades radicalmente diferentes se asocian para llevar ante la justicia a algunos malos muy malos.

El hombre que mató a Liberty Valance (1962). Una alianza improbable entre dos rivales románticos para vencer a un rufián pistolero.

Thelma y Louise (1991). Sospechosas de asesinato, atrapadas al borde de un cañón, esta pareja adorable elige suicidarse usando el automóvil.

Otros mundos

Las tribus prehumanas y humanas han vivido siempre en una búsqueda constante de territorio adicional, mediante descubrimiento y conquista. Durante muchos milenios después de la salida de África hace unos 60.000 años, las poblaciones humanas se extendieron por tierras completamente nuevas para nuestra especie. Al encontrarse en los límites, guerrearon o formaron alianzas.

Ejemplos:

Alien (1979). Una intensa exploración atmosférica de un planeta acabado de descubrir, y un monstruo parásito supereficiente que allí acecha. Con *Aliens* y *La cosa* (2011, nueva versión de John Carpenter del filme de 1982), cuentan entre las mejores películas de horror y ciencia ficción que se hayan hecho.

E.T. el extraterrestre (1982). Una expresión de cómo podrían ser los extraterrestres amistosos (y quizá también las tribus humanas).

Encuentros en la tercera fase (1977). Una segunda obra maestra sobre cómo pueden imaginarse los extraterrestres amistosos.

El hombre que pudo reinar (1975). El personaje de Sean Connery viaja por distantes montañas para conseguir poder, riqueza y, en último término, traición y muerte.

En busca del arca perdida (1981). La apertura del arca (por nazis malhadados) revela los terrores del mundo sobrenatural decretado por la fe.

La atracción magnética del arquetipo del otro mundo alcanza su máxima intensidad en la mejor ciencia ficción literaria y fílmica. Estas obras de arte son cada vez más atractivas tanto por el argumento como por la precisión del detalle científico e instrumental.

Ejemplos:

Los filmes de ciencia ficción han madurado quizá más que cualquier otra categoría del cinema, tal como ilustra uno de mis filmes favoritos iniciales, *La furia del planeta rojo* (1960). Una nave espacial se posa en la superficie de Marte. Los astronautas, americanos simpáticos como nuestros vecinos, esperan ansiosos echar el primer vistazo de la humanidad a la superficie de otro planeta. Un reloj de pared de la marca Bulova les indica el tiempo. Miran desde una portilla a una neblina roja. Uno pregunta: «¿Hay alguna señal de vida?». Otro responde: «Nada. Solo un manojo de plantas». El interés de la audiencia se mantiene vivo por una sensación de presentimiento: que las plantas podrían comerse a los astronautas... que es lo que hacen.

Los filmes de ciencia ficción han evolucionado hasta relatos de aventuras técnicamente posibles (o al menos concebibles), con muchos cataclismos que producen el fin de la Tierra, situaciones de colonización de exoplanetas y héroes científicos, que salvan el día (y quizá al mundo). Entre ellos se cuenta *Interstellar* (2014), en la que unos pioneros abandonan una Tierra agonizante y viajan a través de un agujero de gusano para establecerse en un planeta habitable. *Marte* (2015) es un relato brillante de cómo el ingenio y el coraje pueden ayudar a un astronauta abandonado a sobrevivir en Marte hasta la llegada de una misión de rescate. En *Europa Report* (2013), para terminar esta muestra de mis favoritos personales, la búsqueda de organismos acuáticos extraterrestres se realiza, con éxito, en el mar helado de la luna de Júpiter.

Un esfuerzo paralelo en la ciencia ficción literaria es *Seveneves* (2015), de Neal Stephenson, alabado por los científicos por su fidelidad técnica, en la que la Luna explota y sus fragmentos se dirigen lentamente hacia la Tierra, lo que permite que se construyan refugios para salvar a la especie humana. Si tal cosa ocurriera alguna vez, podemos imaginar confortablemente que sería así.

En conjunto, el conocimiento técnico y el genio de la ficción combinados pueden proporcionar material duradero e ilimitado para una fusión de la ciencia y las artes creativas.

La historia del teatro y su análisis crítico, desde los griegos en adelante, es en gran medida la adición del lenguaje y la cultura a los repertorios hereditarios, basados en la emoción, de un primate del Viejo Mundo. Lo que sugiero aquí es que el residuo instintivo ha funcionado sobre el lenguaje y la cultura según se expresa en el teatro al agrupar determinados temas que evocan arquetipos. En la época moderna, el fenómeno aparece claramente definido en la historia de la cinematografía. Dicha hipótesis resulta plausible por la impresión evidente de rasgos animales ancestrales en toda la anatomía y la fisiología de nuestro cuerpo. Al ser esto así, ¿por qué no es también lógico incluir asimismo estas propiedades especiales de la creatividad humana? Esta pregunta puede plantearse también en forma de dos preguntas abiertas, que he intentado contestar en las páginas previas y que invitan a la investigación mediante estudios que combinen la ciencia y las humanidades: ¿qué es la naturaleza humana?, y ¿por qué, para empezar, existe una naturaleza humana?

18

La isla más lejana

Permítaseme ilustrar la promesa de una creatividad unificada en la ciencia y las humanidades con dos relatos. El primero está relacionado con la isla más remota del mundo fuera del continente de la Antártida.

Skerry y *seastack** son palabras que solo se encuentran raramente en el habla inglesa ordinaria. De origen escandinavo, *skerry* se refiere a una pequeña isla rocosa, y un *seastack* es una columna de roca recortada por el oleaje, que ha erosionado los depósitos de tierra más elevada a su alrededor. Ambos términos me atraen de una manera casi mágica. Evocan en mi mente viajera lugares misteriosos y olvidados, que ofrecen santuarios en algún lugar al otro lado del océano, constantemente azotados por las olas, mundos cerrados en sí mismos. Incluso si las islas son demasiado pequeñas para sostener vida humana, ¡quiero ir allí!

Confieso que soy un neseófilo, un amante extremo de las

* Los equivalentes en español serían, respectivamente, escollo rocoso y farallón. (*N. del t.*)

islas. Mi mente se deja llevar a la isla Salas y Gómez, un *skerry* en el océano Pacífico templado en aguas de la costa de Chile. Solitaria en alta mar, mide quince hectáreas de superficie y tiene una longitud máxima de setecientos setenta metros; es una de las islas oceánicas más pequeñas del mundo. Empezó como un monte submarino, uno de los miles de picos volcánicos que se elevan desde el fondo del mar hasta diversas profundidades bajo la superficie. La isla Salas y Gómez es una de los raros picos del Pacífico sudoriental que se ha elevado sobre la superficie del mar para crear un solitario *skerry*. Este grano de tierra relativamente microscópico es también la isla más aislada del mundo. Su vecina más próxima es la isla de Pascua, la isla habitada más aislada del planeta, a doscientos kilómetros de distancia.

Ahora bien, al ser biólogo con un interés particular por la geografía, quería saber especialmente qué especies de plantas y animales podrían haber llegado y ahora sobrevivían en este lugar casi extraterrestre. Descubrí que la respuesta la habían obtenido unos pocos visitantes capaces de haber alcanzado la isla Salas y Gómez. Este *skerry* es el hogar de cuatro especies de plantas terrestres, entre ellas una especie del helecho *Asplenium* que se encuentra asimismo en las remotas islas atlánticas de Santa Elena y Ascensión. También hay unos pocos insectos, que se alimentan del follaje (no he podido encontrar los nombres de sus especies). Un total de doce especies de aves marinas van allí para reproducirse y criar a su progenie. De otros animales terrestres mayores que insectos no hay ninguno.

Si excluimos la docena aproximadamente de especies de aves marinas como visitantes pero incluimos las especies todavía no contadas de insectos y de minúsculos nematodos y rotíferos que probablemente estén también presentes, el número de especies de plantas y animales terrestres en este minúsculo mundo perdido es probablemente de menos de cien. Un área comparable de pluviselva tropical poseería cien veces, incluso mil veces, este número. Dado que esta isla ha existido durante al menos varios siglos (los pascuenses la visitaban cuando todavía usaban catamaranes para los viajes oceánicos), ¿por qué no hay más especies de plantas y animales que hayan colonizado la isla Salas y Gómez? ¿Por qué permanece casi sin vida?

La respuesta probable, pueden decirnos ahora los biólogos, es que la fauna y flora disminuidas se hallan en equilibrio. Las grandes distancias desde las otras tierras más cercanas permiten que solo unas pocas especies alcancen el *skerry* durante largos intervalos de tiempo, mientras que el pequeño tamaño de la isla Salas y Gómez aumenta la tasa a la que desaparecen. Cuando la tasa de inmigración iguala a la tasa de extinción, el número de especies presentes en cualquier momento dado permanece muy bajo. Como resultado, la isla Salas y Gómez añade otra distinción a su lista de «la más modesta de todas»: la flora y la fauna más reducidas de cualquier isla fuera de las regiones polares del mundo.

La isla Salas y Gómez no puede sostener personas. Si nunca hubiera sido vista, ¿podría ser real? La pregunta no es tan absurda como puede parecer a primera vista. Es solo una versión de la paradoja del árbol que cae: si en el bosque no hay nadie para oírlo, ¿produce un sonido la caída de un árbol? El sentido común dice que la respuesta es inmediatamente obvia. El árbol no puede caer sin emitir una onda de aire comprimido.

Pero un «sonido» que tenga sentido para nuestra especie requiere que un humano oiga este cambio en el aire. Un fisico y un biólogo trabajando juntos pueden predecir y simular en gran detalle el primer chasquido del tronco, el ominoso susurro del dosel al caer trazando un arco, los crujidos y choques de las ramas al desplomarse, y el ¡cataplum! final del tronco al golpear el suelo. Pero ni los científicos ni nadie más pueden oír la caída real. Es necesario un humano o un dispositivo grabador en la escena. De otro modo, el acontecimiento no tiene significado. Nietzsche captó el aspecto general cuando hizo que Zaratustra se dirigiera al Sol: «¡Oh, tú, gran estrella! ¿Cuál sería tu felicidad si no tuvieras a aquellos para los que brillas!».

Wallace Stevens desarrolló de manera más completa la trascendencia de la paradoja en su poema de 1943 «Somnambulisma» (es decir, sonambulismo, caminar dormido), al usar la imagen de un océano no visto y un oleaje no oído:

> En una costa vieja, el océano vulgar se mueve
> Silenciosamente, silenciosamente, como un pájaro delgado,
> Que piensa en instalarse, pero nunca se instala, en un nido.
>
> Las alas siguen desplegándose, pero nunca son alas.
> Las garras siguen arañando el esquisto, el esquisto superficial,
> El bajío sonoro, hasta que es arrastrado por el agua.
>
> Las generaciones del ave son todas
> Arrastradas por el agua. Unas siguen a las otras,
> Siguen, siguen, siguen arrastradas por el agua.
>
> Sin esta ave que nunca se posa, sin
> Sus generaciones que se suceden en su universo,
> El océano, cayendo y cayendo en la costa huera,

Sería una geografía de los muertos; no de esa tierra
A la que pueden haber ido, sino del lugar en el que
Vivieron, en el que carecían de un ser ubicuo,

En el que ningún sabio, que viviera aparte,
Hiciera brotar las hermosas aletas, los picos desmañados,
[los objetos personales,
Que, como un hombre que todo lo percibe, fueran suyos.[11] *

La crítica Helen Vendler amplía la pregunta clave de la mejor manera que puede formularse: «Si no existieran, flotando sobre nosotros, todas las representaciones simbólicas que el arte y la música, la religión, la filosofía y la historia han inventado, y posteriormente todas las interpretaciones y explicaciones de las mismas que la actividad erudita ha transmitido, ¿qué tipo de personas seríamos?».

Ni la pregunta ni la respuesta son retóricas. No habría literatura, no habría lenguaje abstracto o simbólico, o muy poco, no habría gobierno tribal (con un radio mayor que el que se puede recorrer a pie en un día). La tecnología sería

* *On an old shore, the vulgar ocean rolls / Noiselessly, noiselessly, resembling a thin bird, / That thinks of settling, yet never settles, on a nest. / The wings keep spreading and yet are never wings. / The claws keep scratching on the shale, the shallow shale, / The sounding shallow, until by water washed away. / The generations of the bird are all / By water washed away. They follow after, / They follow, follow, follow, in water washed away. / Without this bird that never settles, without / Its generations that follow in their universe, / The ocean, falling and falling on the hollow shore, / Would be a geography of the dead; not of that land / To which they may have gone, but of the place in which / They lived, in which they lacked a pervasive being, / In which no scholar, separately dwelling, / Poured forth the fine fins, the gawky beaks, the personalia, / Which, as a man feeling everything, were his.*

paleolítica, y el arte seguiría siendo toscas estatuillas y figuras de palitos dibujadas sobre paredes rocosas, con poco significado que descifrar. La ciencia y la tecnología consistirían en aguzar puntas de lanza, desportillar hachas de piedra y quizá perforar conchas de caracoles para ensartarlas y producir collares.

19

Ironía: una victoria de la mente

El tema de la ciencia humanista que converge con las humanidades científicas lo proporciona un ejemplo imponente en la inolvidable balada «Send in the Clowns»,* la pieza distintiva de Stephen Sondheim en la producción de Broadway *A Little Night Music*. Escrita en 1973 y pensada para la actriz Glynis Johns, «Send in the Clowns» la han cantado muchos artistas de primera fila. La interpretación de Judy Collins fue considerada Canción del Año en la ceremonia de los premios Grammy de 1976.

El personaje y la voz principal de la obra es Desirée, una actriz hermosa y de éxito, que muchos años atrás tuvo una aventura con Fredrik, un abogado, del que tuvo un hijo. Este personaje encantador, aunque no sabe que es padre, le propone matrimonio a Desirée. Casada con su carrera, esta declina. Cuando empieza la acción, Fredrik está atrapado en un matrimonio fracasado y no consumado con una mujer igualmente hermosa y mucho más joven. Esta vez es Frederik el que

* «Haz entrar a los payasos». (*N. del t.*)

rehúsa. Una Desirée resentida responde con una cancioncilla irónica que empieza así:

> ¿No es gracioso? ¿Somos una pareja?
> Yo aquí al fin sobre el suelo, tu suspendido en el aire.
> Haz entrar a los payasos.[12] *

Desirée, suponemos, ha de sentirse derrotada, decepcionada y, de hecho, furiosa por dentro. Las diferentes artistas en la escena y fuera de ella han expresado de muchas maneras distintas las emociones de Desirée. Los críticos de sus interpretaciones, aunque las admiran casi de manera uniforme, no obstante tienden a quedar desconcertados por los payasos. Tenían más sentido cuando Sondheim explicó que la canción era de remordimiento y enfado. Hacer entrar a los payasos es una expresión teatral. Significa que si las cosas van mal, «contemos chistes».

Seguramente cabía esperar remordimiento y enfado. ¿Quién no los sentiría, en especial una actriz célebre como Desirée? Pero yo doy más importancia a la letra estoica de esta pequeña pieza graciosa. Cuando se lee seguido y con expectativa consistente, es un ejemplo de manual de pura ironía. Las emociones que expresa se remontan al origen de la alfabetización, en el término griego *eirōneia*, que de manera general quiere decir 'disimulo'. Evolucionó como un rasgo emocional, de naturaleza retórica, único de la humanidad.

La ironía es un recurso en el habla y la literatura en el que las propiedades de un proceso o de una entidad se describen por su opuesto exacto. Incluye el vestido nuevo del empera-

* *Isn't it rich? Are we a pair? / Me here at last on the ground, you in mid-air. / Send in the clowns.*

dor, el silencio estruendoso, la Ciudad Pequeña Más Grande,* la calmada paz de una serpiente de cascabel enroscada, el «retoque» de una batalla de infantería e, incluso en un templo tan augusto de la astrofísica donde la ironía nunca se hace a propósito, la coexistencia del universo infinito que podemos ver dentro de la existencia igualmente infinita de universos paralelos. La ironía crea un nuevo nivel de significado. Divierte, recalca y suaviza la brutalidad de la vida real.

Pocos artistas que interpretan «Send in the Clowns» y cuyos discos he escuchado expresan estas cualidades como creo que debieran hacerlo. En grado variado, los artistas traducen las emociones en lo que perciben detrás de la ironía, y sin obligarse a apartarse de sus estilos personales habituales. Judy Collins es cálida, dulce y cariñosa. De todas las cantantes es la pareja a la que más lamentaríamos dejar. Barbra Streisand emite su propia musicalidad muscular, y su voz y su estado de ánimo suben y bajan espectacularmente. Glynis Johns está afligida por la incredulidad y la indignación, mientras que Judi Dench está afectada por el dolor. Carol Burnett es la imagen misma del estoicismo decepcionado. Catherine Zeta-Jones embellece su interpretación con drama facial y tonal. Sarah Vaughan le infunde matices de una canción de amor y un toque de jazz. Frank Sinatra es el género equivocado.

Solo Glenn Close la canta como se debe, de principio a fin. Close es, según mi criterio, que admito que es personal, perfecta. Su comportamiento ante el micrófono, su postura erguida y calma, su sonrisa irónica sugieren una mujer cultivada y muy inteligente al borde de la madurez. Su Desirée está profundamente decepcionada, enfadada y quizá resigna-

* Dícese de Reno, Nevada. (*N. del t.*)

da, pero todavía abierta a la distante posibilidad de que el mundo pueda cambiar todavía en su dirección. La importancia de la situación se reconoce en maneras sutiles. La palabra *clowns* es pronunciada con cuidado y con un ligero énfasis, cada letra enunciada claramente. Desirée es una tragedia andante, pero su comportamiento es totalmente civilizado, y más poderoso por ello.

> ¿No te gusta la farsa? Es culpa mía, me temo.
> Pensé que tú querrías lo que yo quiero,
> Lo siento, querido.
> Pero, ¿dónde están los payasos? Haz entrar a los payasos.
> No te preocupes, están aquí.[13] *

Ira, celos y desquite son emociones animales. Forman parte de los programas instintivos que ya estaban instalados hace decenas de millones de años en el hipotálamo y otros centros de control emocional de nuestros antepasados. La ironía es algo diferente. Es únicamente nuestra, cerebral, pacífica y modelada sustancialmente por la evolución cultural en ambientes sociales creados por el lenguaje. Para explicar emociones animales hemos de decantarnos hacia la biología, involucrando a las humanidades, desde luego. Para explicar la ironía hemos de hacer lo contrario.

* *Don't you love farce? My fault, I fear. / I thought that you'd want what I want, / Sorry my dear. / But where are the clowns? Send in the clowns. / Don't bother, they're here.*

20

La tercera Ilustración

Contrariamente a lo que se suele creer, las humanidades no son distintas de la ciencia. No hay una brecha fundamental en el mundo real o en el proceso de la mente humana que las separe. Cada una de ellas impregna a la otra. No importa lo distantes que puedan parecer de la experiencia ordinaria los fenómenos a los que se dedica la ciencia, no importa lo vastos que sean en amplitud o lo microscópico que sea su ámbito, todo el saber científico ha de ser procesado por la mente humana. El acto de descubrimiento es un relato completamente humano. Su narración es un logro humano. El conocimiento científico es el producto idiosincrásico, absolutamente humanista, del cerebro humano.

De ahí se sigue que la relación entre la ciencia y las humanidades es totalmente recíproca. Con independencia de lo sutil, efímero y personalizado que sea el pensamiento humano, todo él tiene una base física que en último término es explicable por el método científico.

Si la ciencia es así el fundamento de las humanidades, las humanidades poseen el alcance más extenso. Allí donde la observación científica aborda todos los fenómenos que existen en el mundo real, la experimentación científica aborda todos los mundos reales posibles y la teoría científica aborda todos los mundos reales concebibles, las humanidades incluyen estos tres niveles y uno más: el infinito de todos los mundos fantásticos.

La Ilustración europea que progresó desde el siglo XVII hasta finales del XVIII, dividió el saber en las tres grandes ramas del conocimiento: las ciencias naturales, las ciencias sociales y las humanidades. En la actualidad las ciencias sociales se han separado, como las amebas, en dos divisiones, una de las cuales se fusiona con las ciencias naturales y la otra se adapta estrechamente en lenguaje y estilo a las humanidades. Las contribuciones de las ciencias sociales del primer tipo pueden verse en revistas de primera categoría, como *Nature, Science* y *The Proceedings of the National Academy of Sciences*. Las del segundo tipo, fieles a las humanidades, las encontraremos en *The New Yorker*, *The New York Review of Books*, *Public Interest* y *Daedalus*, la revista de la Academia Americana de las Artes y las Ciencias.*

La ciencia y las humanidades pueden seguir todavía separadas, pero cada vez se hallan más estrechamente vinculadas de muchas maneras. El grado de su relación forma un continuo. En el extremo científico absoluto, el estilo de un informe de investigación típico en una revista respetada profesionalmente es implacablemente factual en su contenido, cargado de observación y análisis, ostentosamente cauteloso en las conclusiones, y aburrido de leer. La especulación, si

* Esta relación está sesgada hacia las revistas americanas, excelentes, pero deja fuera otras, en su mayoría europeas, asimismo de primer nivel. (*N. del t.*)

acaso se expresa alguna, ha de presentarse como una hipótesis sujeta a nuevas observaciones y experimentación. Las metáforas, que los profesionales consideran el equivalente de una cerilla encendida en un polvorín, han de ser pocas y manejadas con cautela.

En el extremo opuesto del continuo ciencia-humanidades, donde mora la más creativa de las artes creativas, las metáforas son la moneda del ámbito. La sacudida emocional que sus sorpresas estéticas producen, ya sea en literatura, música o las artes visuales, es el objetivo del esfuerzo del artista, y la novedad y el virtuosismo son su medida. Los entendidos suelen hablar en detalle acerca de un descubrimiento científico pero no acerca del científico y, al revés, los críticos en las artes creativas hablan mucho acerca del artista pero no mucho acerca del arte.

La fusión del pensamiento científico y el humanista aumenta con el tiempo. La brecha sísmica que antaño los separaba, que en 1954 hicieron famosa las «dos culturas» de C. P. Snow, se ha cerrado, no mediante un puente estrecho, sino por una amplia frontera de nuevas disciplinas emergentes.

A medida que la ciencia y las humanidades se acercan cada vez más, la sinergia entre ellas se acelera. Las humanidades siempre se han visto como un conjunto de disciplinas que explican «lo que significa ser humano». Sin embargo, esto no es muy correcto. Han descrito una parte considerable de la condición humana, pero han fracasado en gran medida para explicar qué significa todo ello. Conseguir este objetivo requerirá mucha más información de la que está disponible a partir de la investigación científica que la que han usado los estudiosos de las humanidades.

Una característica notable de los poetas y otros artistas creativos considerados de gran relevancia, junto con los mejores críticos que evalúan su obra, es la ignorancia de la misma biología que celebran. Quedan sorprendidos cuando se enfrentan con la arquitectura del cuerpo humano, representado desde el órgano a la molécula; con la gama real de los sentidos humanos; con la historia evolutiva turbulenta y siempre azarosa de los homininos; y no menos con el mundo vivo que nos proporcionó la vida y del que depende nuestra respiración. Pero como norma siguen siendo confiadamente ignorantes de los detalles. Se contentan con hablarse exclusivamente entre sí.

¿Qué es exactamente lo que hemos aprendido en realidad, por ejemplo, a partir de la inmensa biblioteca de novelas que el público devora? La valoración de T. S. Eliot es difícil de refutar: «El conocimiento de la vida que se obtiene a través de la ficción solo es posible mediante otra fase de la consciencia de sí mismo. Es decir, solo puede ser un conocimiento del conocimiento de la vida de otras personas, no de la vida misma».

Un rasgo emocional destacado de la naturaleza humana es observar detenidamente a otros humanos, aprender sus relatos y, a partir de ahí, juzgar su carácter y fiabilidad. Y ha sido así desde el Pleistoceno. Las primeras cuadrillas clasificables en el género *Homo* y sus descendientes eran cazadores-recolectores. Al igual que los Ju/'hoansi del Kalahari de hoy en día, casi con toda seguridad dependían de un comportamiento cooperativo sofisticado solo para sobrevivir de un día al siguiente. Esto, a su vez, requería un conocimiento exacto de la historia personal y de los logros de cada uno de los compañeros del grupo, y necesitaban igualmente un sentido empático de los sentimientos e inclinaciones de los demás. Proporciona una profunda satisfacción (llamémoslo, si se quiere, un instinto humano) no solo conocer, sino también compartir las emociones provocadas por los relatos que cuentan nuestros compañeros. El conjunto de estos desempeños da buenos resultados en supervivencia y reproducción. Cotillear y narrar historias son fenómenos darwinianos.

Una de las causas principales de la alarmante reducción en la estima y el soporte público de las humanidades es su foco excesivamente limitado a la condición humana durante las épocas históricas presente y reciente. Como definición formal de las humanidades, esto podría parecer aceptable en principio. Pero ha confinado el conocimiento humanístico casi únicamente a la minúscula burbuja dentro del enorme mundo físico y biológico en el que se originó nuestra especie y en el que continuamos existiendo. Otro efecto de este foco epistemológico estrecho es que hace que las humanidades carezcan de raíces. Aunque las artes y los análisis humanísticos captan magníficamente los detalles de la historia, siguen en gran parte ignorantes e indiferentes para con los acontecimientos evolutivos de la prehistoria que crearon la mente humana, que después de todo creó la historia en la que se centran las humanidades. Además, las artes creativas y los análisis críticos dejan desconocidos y no mencionados la mayor parte de los procesos físicos y biológicos no humanos que incesantemente se agitan a nuestro alrededor y dentro de cada uno de nosotros. Permanecemos en gran parte ciegos al ambiente y a las fuerzas de este que nos guían hasta el destino, cualquiera que sea, que nuestras actividades predeterminan.

A su manera, también los científicos están igualmente poco preparados para colaborar con los artistas creativos y con los estudiosos de las humanidades. La gran mayoría de científicos son obreros cualificados, investigadores que ejercen durante toda su vida carreras dentro de territorios de conocimiento e indagación pequeños y especializados (que actualmente se suelen denominar «silos»). Nos pueden contar casi todo lo que se sabe acerca de, pongamos por caso, las membranas celulares, o las arañas migalomorfas, o sobre cualquier otro tema limitado en el que sean expertos, pero no mucho en profundidad sobre cualquier otra cosa. La razón es que para ser un científico real (y no, con independencia de lo bien dotado que sea, un periodista, un escritor de no ficción o un historiador de la ciencia) hay que hacer un descubrimiento científico certificable. La prueba de fuego entre los profesionales es ser capaz de terminar la frase: «Yo descubrí...». La importancia del descubrimiento es juzgada por colegas que moran en los mismos silos o en otros cercanos. Los científicos reales buscan, por encima de todo, la aceptación y la estima de sus colegas; la aprobación pública es secundaria. Suelen valorar más la elección a una academia nacional de ciencia que un premio concedido a un libro que sea un éxito de ventas.

La definición necesariamente rigurosa de la ciencia auténtica es la razón por la que la gran mayoría de científicos se contentan con ser obreros cualificados. Realizar investigación científica original requiere un aprendizaje, durante el cual al principio se aprenden temas generales, se dominan técnicas y finalmente, en la mayoría de los casos, se realiza investigación postdoctoral en colaboración con un científico experimentado o con un equipo de científicos. El candidato elige su especialización por interés personal y oportunidad. En biología, que es la disciplina más cercana en vida y mente a las humanidades, el joven científico desarrolla un abanico de aprendizaje y experiencia que se ha denominado acertadamente «una sensibilidad para el organismo».

Debido a que la mayor parte del conocimiento científico crece exponencialmente, duplicándose cada diez a veinte años, en función de la materia, las especialidades en el seno de las disciplinas se multiplican... al tiempo que se reducen en ámbito. A principios de la década de 1950, cuando yo era estudiante de postgrado, un informe de investigación original en biología tenía típicamente de uno a tres autores. El histórico artículo de 1953 en *Nature* de James D. Watson y Francis Crick, que fue el primero en describir la estructura del ADN, era típico de las oportunidades que se abrían a los científicos que trabajaban solos o en equipos muy pequeños. En la actualidad, la norma son equipos mucho mayores. Docenas de coautores que encabezan un único artículo no son algo insólito. En unos pocos temas, como la descripción del ADN completo de una especie importante, su número puede pasar del centenar.

Las décadas de 1950 y 1960 fueron la época heroica de la biología moderna, cuando un pequeño número de triunfadores populares hicieron progresos impresionantes a pesar de unas probabilidades reducidas. La excitación que generaban se reflejaba en la cultura popular. En la versión original (de 1953) de *La guerra de los mundos*, una nave espacial contenida dentro de un meteorito grande acaba de caer en la Tierra... en el sur de California, desde luego.* Mientras una multitud de lugareños se sitúan alrededor del cráter producido, preguntándose qué significa, el personaje de Ann Robinson, una joven profesora local con aquella insoportable dulzura femenina popular en la década de 1950, le dice al personaje de Gene Barry, un visitante: «Hay un científico que viene de Pacific Tech. Él nos lo dirá». Si la misma escena se repitiera

* Cerca de Hollywood. (*N. del t.*)

en la actualidad, la frase tendría que ser: «Hay equipos que vienen de la NASA y Cal Tech.* Intentarán averiguar qué es lo que ocurre».

Al igual que ocurre en las humanidades, la especialización necesaria ha conducido a los biólogos y a otros científicos a territorios que se hacen cada vez más pequeños. Gran parte de la tecnología avanzada y del lenguaje técnico de una disciplina es, en el mejor de los casos, solo parcialmente comprensible para los expertos en otras disciplinas, incluso las que están muy relacionadas.

¿Habrá en el futuro épocas heroicas del intelecto? Estoy seguro de que las habrá, y en especial en las nuevas disciplinas de frontera que combinan el descubrimiento científico con las innovaciones y las intuiciones de las humanidades. Se presentarán en dimensiones múltiples. Fuera de nuestra burbuja sensorial hay innumerables perspectivas para las artes creativas. El reto es traducir lo que previamente no se percibía al limitado mundo audiovisual de la consciencia humana. El progreso vendrá asimismo de una visión cada vez más clara de los orígenes biológicos de la consciencia humana, lo que puede hacer que la prehistoria se alinee con la historia. Y, finalmente, el progreso vendrá con la comprensión de la fragua evolutiva en la que se modeló la cultura, lentamente y a veces dolorosamente, a partir del instinto animal.

La piedra filosofal de la autocomprensión humana es la relación entre la evolución biológica y la evolución cultural. ¿Por qué están construidos los seres humanos y se comportan de esta y de esta otra manera y no de alguna otra? Únicamen-

* Pacific Tech es un instituto tecnológico ficticio, mientras que Cal Tech es el Instituto de Tecnología de California, un centro real de excelencia en ciencia e ingeniería. (*N. del t.*)

te ahora, dos milenios y medio después del ágora ateniense, estamos empezando a comprender la razón por la que parte de nuestro comportamiento social es instinto programado, parte del mismo es adquirido mediante aprendizaje predispuesto genéticamente, y el resto es el producto de la invención cultural. Todo el comportamiento social puede entenderse en profundidad únicamente como una fase en nuestra evolución a largo plazo y no solo mediante descripciones de la condición humana contemporánea.

Mientras tanto, hay que reconocer, y hay que hablarlo con más franqueza, que para la filosofía el elefante en la cacharrería es la religión organizada. Más precisamente, la comprensión de la condición humana que a menudo se ha anunciado por la fusión de la ciencia y la religión, es inhibida por la intervención de relatos creacionistas sobrenaturales, cada uno de los cuales define una tribu distinta. Una cosa es apoyar y compartir los elevados valores espirituales de la religión teológica, con una creencia en lo divino y la fe en la existencia de una vida después de la muerte. Otra cosa muy distinta es adoptar un relato creacionista sobrenatural concreto. La fe en un relato creacionista proporciona afiliación reconfortante a una tribu. Pero ello supone reconocer que no todos los relatos creacionistas pueden ser ciertos, que no hay dos de tales relatos que puedan ser ciertos y que, casi con total seguridad, todos son falsos. Cada uno es sostenido únicamente por la fe ciega tribal.

El estudio de la religión es una parte esencial de las humanidades. No obstante, debiera ser estudiada como un elemento de la naturaleza humana, y de la evolución de la misma, y no de la manera como lo hacen los colegios bíblicos cristianos y las madrazas islámicas, como un manual para la promoción de una fe definida por un relato creacionista concreto.

Mientras tanto, y como sea que la humanidad se ve todavía azotada por pasiones animales en un mundo global digitalizado, y como sea que tenemos un conflicto entre lo que somos y aquello en lo que quisiéramos convertirnos, y como sea que nos estamos ahogando en información y nos vemos privados de sabiduría, parecería apropiado devolver la filosofía a la posición apreciada que tuvo antaño, esta vez como centro de una ciencia humanística y de unas humanidades científicas.

¿Cómo podría conseguirse una tal restauración? Vale la pena tener presente que la filosofía floreció en el seno de la civilización occidental durante dos explosiones de creatividad que duraron unos 150 años cada una. Anthony Gottlieb ha descrito de forma concisa su esencia en *The Dream of Enlightenment*, una historia del ascenso de la filosofía moderna.

> La primera fue la Atenas de Sócrates, Platón y Aristóteles, desde mediados del siglo v a. e. c. hasta finales del siglo iv a. e. c. La segunda fue en Europa septentrional, tras las guerras europeas de religión y el auge de la ciencia galileana. Se extiende desde la década de 1630 hasta justo antes de la Revolución Francesa, a finales del siglo xviii. En estos relativamente pocos años, Descartes, Hobbes, Spinoza, Locke, Leibniz, Hume, Rousseau y Voltaire (es decir, la mayoría de los filósofos modernos mejor conocidos) dejaron su impronta.

El segundo florecimiento de la filosofía, y por lo tanto los cimientos de la segunda Ilustración, se había disipado en su mayor parte a principios de la década de 1800, cuando la ciencia no consiguió cumplir sus grandiosas expectativas, y las humanidades por sí solas no podían acarrear la carga extra. En la actualidad, lo que pasa por filosofía del siglo xxi es en gran medida erudición, en la que los comentarios sobre las cuestiones actuales los generan principalmente estudiosos de las humanidades y la economía. La limitación real de la filosofía de hoy en día no son enfrentamientos de la lógica de los autores, sino incoherencia, debida principalmente a no prestar atención a la ciencia. Esto es curioso, porque nos hallamos en lo que puede calificarse razonablemente como la Era de la Ciencia, y la ciencia se halla en una posición para combinarse con las humanidades para reavivar el espíritu de las Ilustraciones anteriores. Creo que las dos, encontrándose en una indagación común, pueden resolver finalmente las grandes preguntas de la filosofía. Ya es hora de plantear de nuevo, de manera franca y con mucha más confianza que anteriormente, las grandes preguntas de la historia.

En la base, necesitamos explorar con mucha más profundidad el significado de la humanidad, por qué existimos en oposición a no haber existido nunca. Y todavía más: por qué nada que se pareciera ni remotamente a nosotros existió antes en la Tierra. El santo grial que hay que buscar es la naturaleza de la consciencia, y cómo se originó. Igualmente fundamental es el origen y proliferación de la vida como un todo.

En un foco más estrecho, ¿cómo explicaremos la existencia de dos géneros (o más, considerando la gama de sexualidad que se reconoce en la actualidad)? ¿Por qué existe el sexo, para empezar? Si pudiéramos reproducirnos por partenogénesis, o simplemente hacer brotar descendientes de nuestro cuerpo, la vida sería mucho más simple. No se trata de preguntas ociosas, para que las respondan los habituales de los salones o los invitados después de la cena. No se trata de juegos mentales, ni de ejercicios para aguzar las habilidades en la lógica. Se plantean, literalmente, cuestiones de vida y muerte.

Hemos de preguntarnos no solo cómo, sino por qué, hemos de morir de viejos si no es por alguna otra causa, y además por qué estamos dirigidos por un plan exacto de crecimiento y deterioro programado genéticamente. Y ahora, como sea que nos encontramos en la Era de la Inteligencia Artificial, estamos obligados a definir, con exactitud, un ser humano. ¿Podríamos construir uno a partir de productos químicos tomados de la estantería, al menos hasta el nivel de un óvulo fecundado iniciado con un genoma diseñado? Y si esto resulta ser imposible, lo que dudo, necesitamos discutir seriamente sobre robots humanoides, dotados de emociones e incluso del poder de creatividad.

Científicos y estudiosos de las humanidades, trabajando juntos, podrían servir, según creo, como líderes de una nueva filosofía, una filosofía que mezcle lo mejor y más relevante de estas dos grandes ramas del saber. Su esfuerzo sería la tercera Ilustración. A diferencia de las otras dos, esta bien pudiera durar. Si así fuera, haría que nuestra especie apreciara la plegaria para la razón inscrita por Diógenes y todavía visible en su forma original en la estoa de Oinoanda, en la antigua región griega de Licia:

> Y no menos para aquellos a los que se llama extranjeros, porque no son extranjeros. Porque, mientras que los diversos segmentos de la Tierra dan a las diferentes personas un país diferente, todo el confín de este mundo confiere a todas las personas un único país, la Tierra entera, y un único hogar, el mundo.

Referencias y lecturas recomendadas

Capítulo 1: El alcance de la creatividad

Bly, Adam, ed. 2010. *Science is Culture: Conversations at the New Intersection of Science + Society*. Nueva York: Harper Perennial.

Boorstin, Daniel J. 1983. *The Discoverers*. Nueva York: Random House [hay traducción española: *Los descubridores*. Barcelona: Crítica, 2000].

Carroll, Joseph, Dan P. McAdams y Edward O. Wilson, eds. 2016. *Darwin's Bridge: Uniting the Humanities and Sciences*. Nueva York: Oxford University Press.

Greenblatt, Stephen. 2011. *The Swerve: How the World Became Modern*. Nueva York: W. W. Norton [hay traducción española: *El giro. De cómo un manuscrito olvidado contribuyó a crear el mundo moderno*. Barcelona: Crítica, 2012].

Jones, Owen D., y Timothy H. Goldsmith. 2005. «Law and behavioral biology.» *Columbia Law Review* 105, n.º 2: 405-502.

Koestler, Arthur. 1964. *The Act of Creation*. Londres: Hutchinson and Co.

Pinker, Steven. 1994. *The Language Instinct: The New Science of Language and Mind*. Nueva York: William Morrow [hay traducción española: *El instinto del lenguaje. Cómo la mente construye el lenguaje*. Madrid: Alianza editorial, 2012].

Poldrack, Russell A., y Martha J. Farah. 2015. «Progress and challenges in probing the human brain.» *Nature* 526, n.º 7573: 371-379.

Ryan, Alan. 2012. *On Politics: A History of Political Thought, Book One: from Herodotus to Machiavelli; Book Two: from Hobbes to the Present*. Nueva York: W. W. Norton.

Sachs, Jeffrey D. 2011. *The Price of Civilization: Reawakening American Virtue and Prosperity*. Nueva York: Random House [hay traducción española: *El precio de la civilización*. Barcelona: Galaxia Gutenberg-Círculo de Lectores, 2012].

Watson, Peter. 2016. *Convergence: The Idea at the Heart of Science*. Nueva York: Simon & Schuster.

Wilson, Timothy D., *et al.* 2014. «Just think: The challenges of the disengaged mind.» *Science* 345, n.º 6192: 75-77.

Capítulo 2: El nacimiento de las humanidades

Altmann, Jeanne, y Philip Muruthi. 1988. «Differences in daily life between semiprovisioned and wild-feeding baboons.» *American Journal of Primatology* 15, n.º 3: 213-221.

Ball, Philip. 2010. *The Music Instinct: How Music Works and Why We Can't Do Without It*. Nueva York: Oxford University Press.

Biesele, Megan, y Robert K. Hitchcock. 2011. *The Ju/'hoan San of Nyae Nyae and Namibian Independence: Development, Democracy, and Indigenous Voices in Southern Africa*. Nueva York: Berghahn Books.

Cesare, Giuseppe Di, *et al*. 2015. «Expressing our internal states and understanding those of others.» *Proceedings of the National Academy of Sciences USA* 112, n.º 33: 10331-10335.

De Waal, Frans. 1982. *Chimpanzee Politics: Power and Sex Among Apes*. Nueva York: Harper & Row [hay traducción española: *La política de los chimpancés. El poder y el sexo entre los simios*. Madrid: Alianza Editorial, 1993].

De Waal, Frans. 2009. *The Age of Empathy: Nature's Lesson for a Kinder Society*. Nueva York: Random House, pág. 89 [hay traducción española: *La edad de la empatía. Lecciones de la naturaleza para una sociedad más justa*. Barcelona: Tusquets, 2011].

Fox, Robin. 2011. *The Tribal Imagination: Civilization and the Savage Mind*. Cambridge, MA: Harvard University Press.

Gottschall, Jonathan. 2008. *The Rape of Troy: Evolution, Violence, and the World of Homer*. Nueva York: Cambridge University Press.

Greenblatt, Stephen. 2011. *The Swerve: How the World Became Modern*. Nueva York: W. W. Norton [hay traducción española: *El giro. De cómo un manuscrito olvidado contribuyó a crear el mundo moderno*. Barcelona: Crítica, 2012].

Hare, Brian, y Jingzhi Tan. 2012. «How much of our cooperative behavior is human?» En Frans B. M. de Waal y Pier Francesco Ferrari, eds., *The Primate Mind: Built to Connect with Other Minds*. Cambridge, MA: Harvard University Press, págs. 192-193.

Kramer, Adam D. I., Jamie E. Guillory y Jeffrey T. Hancock. 2014. «Experimental evidence of massive-scale emotional contagion through social networks.» *Proceedings of the National Academy of Sciences, USA* 111, n.º 24: 8788-8790.

Krause, Bernie. 2012. *The Great Animal Orchestra: Finding the Origins of Music In the World's Wild Places*. Nueva York: Little, Brown.

McGinn, Colin. 2015. *Philosophy of Language: The Classics Explained*. Cambridge, MA: MIT Press.

Patel, Aniruddh D. 2008. *Music, Language, and the Brain*. Nueva York: Oxford University Press.

Patel, Aniruddh D. 2015. *Music and the Brain*. Chantilly, VA: The Great Courses, The Teaching Co.

Thomas, Elizabeth Marshall. 2006. *The Old Way: A Story of the First People*. Nueva York: Farrar, Straus and Giroux.

Tomasello, Michael. 1999. *The Cultural Origins of Human Cognition*. Cambridge, MA: Harvard University Press [hay traducción española: *Los orígenes culturales de la cognición humana*. Buenos Aires: Amorrortu, 2007].

Wiessner, Polly W. 2014. «Embers of society: Firelight talk among the Ju/'hoansi bushmen.» *Proceedings of the National Academy of Sciences, USA* 111, n.º 39: 14027-14035.

Capítulo 3: Lenguaje

Bickerton, Derek. 2014. *More than Nature Needs: Language, Mind, and Evolution*. Cambridge, MA: Harvard University Press.

Boyd, Brian. 2009. *On the Origin of Stories: Evolution, Cognition, and Fiction*. Cambridge, MA: Belknap Press of Harvard University Press.

Carroll, Joseph. 2004. *Literary Darwinism: Evolution, Human Nature, and Literature*. Nueva York: Routledge.

Eibl-Eibesfeldt, Irenäus. 1989. *Human Ethology*. Nueva York: Aldine de Gruyter [hay traducción española: *Biología del comportamiento humano. Manual de etología humana*. Madrid: Alianza Editorial, 1993].

Gottschall, Jonathan. 2008. *The Rape of Troy: Evolution, Violence, and the World of Homer*. Nueva York: Cambridge University Press.

Lamm, Ehud. 2014. «What makes humans different.» *BioScience* 64, n.º 10: 946-952.

Murdoch, James. 2015. «Storytelling— both fiction and nonfiction, for good and for ill— will continue to define the world.» *Time* 186, n.º 27/28: 39.

Pinker, Steven. 1994. *The Language Instinct: The New Science of Language and Mind*. Nueva York: William Morrow [hay traducción española: *El instinto del lenguaje. Cómo la mente construye el lenguaje*. Madrid: Alianza Editorial, 2012].

Swirski, Peter. 2007. *Of Literature and Knowledge: Explorations in Narrative Thought Experiments, Evolution, and Game Theory*. Nueva York: Routledge.

Tomasello, Michael. 1999. *The Cultural Origins of Human Cognition*. Cambridge, MA: Harvard University Press [hay traducción española: *Los orígenes culturales de la cognición humana*. Buenos Aires: Amorrortu, 2007].

Tomasello, Michael. 2014. *A Natural History of Human Thinking*. Cambridge, MA: Harvard University Press.

Wilson, E. O. 1994. *Naturalist*. Washington, DC: Island Press [hay traducción española: *El naturalista*. Barcelona: Debate. 1996].

Capítulo 4: Innovación

Baldassar, Anne, *et al.* 2002. *Matisse, Picasso*. París: Éditions de la Réunion des Musées Nationaux.

Libaw, William H. 2005. *Painting in a World Transformed: How Modern Art Reflects Our Conflicting Responses to Science and Change*. Jefferson, NC: McFarland.

Richardson, John. 2007. *A Life of Picasso, Vol. 3: The Triumphant Years, 1917-1932*. Nueva York: Knopf.

Capítulo 5: Sorpresa estética

Burguette, Maria, y Lui Lam, eds. 2011. *Arts: A Science Matter*. Hackensack, NJ: World Scientific Publishing.

Butter, Charles M. 2010. *Crossing Cultural Borders: Universals in Art and Their Biological Roots*. Publicación privada: C. M. Butter.

Hughes, Robert. 1988. *The Shock of the New: The Hundred-Year History of Modern Art*. Nueva York: Knopf [hay traducción española: *El Impacto de lo nuevo. El arte en el siglo xx*. Barcelona: Galaxia Gutenberg-Círculo de Lectores, 2000].

Ornes, Stephen. 2015. «Science and culture: Of waves and wallpaper.» *Proceedings of the National Academy of Sciences, USA* 112, n.º 45: 13747-13748.

Powell, Eric A. 2015. «In search of a philosopher's stone.» *Archaeology* 68, n.º 4 (julio/agosto): 34-37.

Romero, Philip. 2010. *The Art Imperative: The Secret Power of Art*. Jerusalén: Ex Libris.

Rothenberg, David. 2011. *Survival of the Beautiful: Art, Science, and Evolution*. Nueva York: Bloomsbury Press.

Shaw, Tamsin. 2013. «Nietzsche: 'The lightning fire'.» Recensión de K. Michalski, *The Flame of Eternity: An Interpretation of Nietzsche's Thought. New York Review of Books* 60, n.º 16: 52-57.
Sussman, Rachel. 2014. *The Oldest Living Things in the World*. Chicago: University of Chicago Press.
Talasek, John D. 2015. «Science and culture: Data visualization nurtures an artistic movement.» *Proceedings of the National Academy of Sciences, USA* 112 n.º 8: 2295.
Vendler, Helen. 2015. *The Ocean, the Bird, and the Scholar: Essays on Poets and Poetry*. Cambridge, MA: Harvard University Press.
Wald, Chelsea. 2015. «Neuroscience: The aesthetic brain.» *Nature* 526, n.º 7572: S2-S3.

Capítulo 6: Limitaciones de las humanidades

Dehaene, Stanislas. 2014. *Consciousness and the Brain: Deciphering How the Brain Codes Our Thoughts*. Nueva York: Viking [hay traducción española: *La conciencia en el cerebro. Descifrando el enigma de cómo el cerebro elabora nuestros pensamientos*. Buenos Aires: Siglo Veintiuno, 2015].
De Waal, Frans. 1982. *Chimpanzee Politics: Power and Sex Among Apes*. Nueva York: Harper & Row [hay traducción española: *La política de los chimpancés. El poder y el sexo entre los simios*. Madrid: Alianza Editorial, 1993].
De Waal, Frans. 2016. *Are We Smart Enough to Know How Smart Animals Are?* Nueva York: W. W. Norton [hay traducción española: *¿Tenemos suficiente inteligencia para*

entender la inteligencia de los animales? Barcelona: Tusquets, 2016].
De Waal, Frans B. M. y Pier Francesco Ferrari, eds. 2012. *The Primate Mind: Built to Connect with Other Minds*. Cambridge, MA: Harvard University Press.
Hare, Brian, y Vanessa Woods. 2013. *The Genius of Dogs: How Dogs Are Smarter Than You Think*. Nueva York: Dutton.
Harpham, Geoffrey Galt. 2011. *The Humanities and the Dream of America*. Chicago: University of Chicago Press.
Krause, Bernie. 2012. *The Great Animal Orchestra: Finding the Origins of Music In the World's Wild Places*. Nueva York: Little, Brown.
Safina, Carl. 2015. *Beyond Words: What Animals Think and Feel*. Nueva York: Henry Holt.
Whitehead, Hal, y Luke Rendell. 2015. *The Cultural Lives of Whales and Dolphins*. Chicago: University of Chicago Press.

Capítulo 7: Los años de abandono

Burns, Ken, y Ernest J. Moniz. 2014. «On the arts and sciences.» *Bulletin of the American Academy of Arts & Sciences* 67, n.º 2: 11-21.
Birgeneau, Robert J., *et al.* 2014. «Public higher education and the private sector.» *Bulletin of the American Academy of Arts & Sciences* 67, n.º 3: 7-17.
Brodhead, Richard H., y John W. Rowe, eds. 2013. *The Heart of the Matter: The Humanities and Social Sciences for a Vibrant, Competitive, and Secure Nation*.

Cambridge, MA: The American Academy of Arts & Sciences.

Gonch, William y Michael Poliakoff. 2016. *A Crisis in Civic Education*. Washington, DC: American Council of Trustees and Alumni.

Pforzheimer, Carl H. III. 2015. «Humanities, education and social policy: The Commission on the Humanities and Social Sciences.» *Bulletin of the American Academy of Arts & Sciences* 68, n.º 2: 20-21.

Saller, Richard, *et al*. 2014. «The humanities in the digital age.» *Bulletin of the American Academy of Arts & Sciences* 67, n.º 3: 25-35.

CAPÍTULO 8: CAUSAS ÚLTIMAS

Flannery, Kent, y Joyce Marcus. 2012. *The Creation of Inequality: How Our Prehistoric Ancestors Set the Stage for Monarchy, Slavery, and Empire*. Cambridge, MA: Harvard University Press.

Grant, Andrew. 2015. «Evolution may favor limited life span.» *Science News* 188 n.º 1: 6.

Guadagnini, Walter. 2004. *Matisse*. Edison, NJ: Chartwell Books.

Hughes, Robert. 1988. *The Shock of the New: The Hundred-Year History of Modern Art*. Nueva York: Knopf [hay traducción española: *El Impacto de lo nuevo. El arte en el siglo* XX. Barcelona: Galaxia Gutenberg-Círculo de Lectores, 2000].

Shackelford, George T. M., y Claire Frèches-Thory. 2004. *Gauguin, Tahiti*. Boston: Museum of Fine Arts Publications.

Westneat, David E., y Charles W. Fox, eds. 2010. *Evolutionary Behavioral Ecology*. Nueva York: Oxford University Press.

Wilson, E. O. 1975. *Sociobiology: The New Synthesis*. Cambridge, MA: Belknap Press of Harvard University Press [hay traducción española: *Sociobiología. La nueva síntesis*. Barcelona: Omega, 1980].

Wilson, Edward O. 1978. *On Human Nature*. Cambridge, MA: Harvard University Press [hay traducción española: *Sobre la naturaleza humana*. México: Fondo de Cultura Económica, 1980].

Wilson, Edward O. 2014. *The Meaning of Human Existence*. Nueva York: Liveright [hay traducción española: *El sentido de la existencia humana*. Barcelona: Gedisa, 2016].

Capítulo 9: Cimientos

Gottschall, Jonathan, y David Sloan Wilson, eds. 2005. *The Literary Animal: Evolution and the Nature of Narrative*. Evanston, IL: Northwestern University Press.

Haidt, Jonathan. 2006. *The Happiness Hypothesis: Finding Modern Truth in Ancient Wisdom*. Nueva York: Basic Books [hay traducción española: *La hipótesis de la felicidad*. Barcelona: Gedisa, 2006].

Pagel, Mark. 2014 «Genetics: The neighbourly nature of evolution.» Recensión de A. Wagner, *Arrival of the Fittest: Solving Evolution's Greatest Puzzle or, How Nature Innovates* (Nueva York: Current, an imprint of Penguin Books, 2015). *Nature* 514, n.º 7520: 34.

Wilson, Edward O. 2012. *The Social Conquest of Earth*. Nueva York: Liveright [hay traducción española: *La con-*

quista social de la Tierra. Barcelona: Debate. Random House Mondadori, 2012].
Wilson, Edward O. 2014.*The Meaning of Human Existence*. Nueva York: Liveright [hay traducción española: *El sentido de la existencia humana*. Barcelona: Gedisa, 2016].

CAPÍTULO 10: DESCUBRIMIENTO

Antón, Susan C., Richard Potts y Leslie C. Aiello. 2014. «Evolution of early *Homo*: An integrated biological perspective.» *Science* 345, n.º 6192: 45.
Brown, Kyle S. *et al*. 2012. «An early and enduring advanced technology originating 71,000 years ago in South Africa.» *Nature* 491, n.º 7425: 590-493.
Fox, Robin. 2011. *The Tribal Imagination: Civilization and the Savage Mind*. Cambridge, MA: Harvard University Press.
Heinrich, Bernd. 2001. *Racing the Antelope: What Animals Can Teach Us About Running and Life*. Nueva York: Cliff Street.
Marchant, Jo. 2016. «The Awakening.» *Smithsonian* 46, n.º 9: 80-95.
Wilson, Edward O. 2012. *The Social Conquest of Earth*. Nueva York: Liveright [hay traducción española: *La conquista social de la Tierra*. Barcelona: Debate. Random House Mondadori, 2012].
Wilson, Edward O. 2014. *The Meaning of Human Existence*. Nueva York: Liveright [hay traducción española: *El sentido de la existencia humana*. Barcelona: Gedisa, 2016].
Wrangham, Richard. 2009. *Catching Fire: How Cooking Made Us Human*. Nueva York: Basic Books.

CAPÍTULO 11: CULTURA GENÉTICA

Butter, Charles M. 2010. *Crossing Cultural Borders: Universals in Art and Their Biological Roots*. Publicación privada: C. M. Butter.

Lumsden, Charles J., y Edward O. Wilson. 1981. *Genes, Mind, and Culture: The Coevolutionary Process*. Cambridge, MA: Harvard University Press.

Van Anders, Sari M., Jeffrey Steiger y Katharine L. Goldey. 2015. «Effects of gendered behavior on testosterone in women and men.» *Proceedings of the National Academy of Sciences, USA* 112, n.° 45: 13805-13810.

CAPÍTULO 12: NATURALEZA HUMANA

Boardman, Jason D., Benjamin W. Domingue y Jason M. Fletcher. 2012. «How social and genetic factors predict friendship networks.» *Proceedings of the National Academy of Sciences, USA* 109, n.° 43: 17377-17381.

Eibl-Eibesfeldt, Irenäus. 1989. *Human Ethology*. Nueva York: Aldine de Gruyter [hay traducción española: *Biología del comportamiento humano. Manual de etología humana*. Madrid: Alianza Editorial, 1993].

Graziano, Michael S. A. 2013. *Consciousness and the Social Brain*. Nueva York: Oxford University Press.

Haidt, Jonathan. 2012. *The Righteous Mind: Why Good People Are Divided by Politics and Religion*. Nueva York: Pantheon Books.

Orians, Gordon H. 2014. *Snakes, Sunrises, and Shakespeare*. Chicago: University of Chicago Press.

Rychlowska, Magdalena, *et al*. 2015. «Heterogeneity of long-history migration explains cultural differences in reports of emotional expressivity and the functions of smiles». *Proceedings of the National Academy of Sciences, USA* 112, n.° 19: E2429- E2436.

Sussman, Anne, y Justin B. Hollander. 2015. *Cognitive Architecture: Designing for How We Respond to the Built Environment.* Nueva York: Routledge.

Wilson, Edward O. 1978. *On Human Nature. Cambridge*, MA: Harvard University Press [hay traducción española: *Sobre la naturaleza humana.* México: Fondo de Cultura Económica, 1980].

Wilson, Edward O. 2012. *The Social Conquest of Earth.* Nueva York: Liveright [hay traducción española: *La conquista social de la Tierra.* Barcelona: Debate. Random House Mondadori, 2012].

Capítulo 13: Por qué la naturaleza es la madre

Beatley, Timothy. 2011. *Biophilic Cities: Integrating Nature Into Urban Design and Planning.* Washington, DC: Island Press.

McKibben, Bill, ed. 2008. *American Earth: Environmental Writing Since Thoreau.* Nueva York: Literary Classics of the U.S. distributed by Penguin Putnam.

Moor, Robert. 2016. *On Trails.* Nueva York: Simon & Schuster.

Orians, Gordon H. 2014. *Snakes, Sunrises, and Shakespeare.* Chicago: University of Chicago Press.

Williams, Florence. 2016. *The Nature Fix: How Being Outside Makes You Happier, and More Creative.* Nueva York: W. W. Norton.

Wilson, Edward O. 2002. *The Future of Life*. Nueva York: Alfred A. Knopf [hay traducción española: *El futuro de la vida*. Barcelona: Galaxia Gutenberg-Círculo de Lectores, 2002].
Wilson, Edward O. 2016. *Half-Earth: Our Planet's Fight for Life*. Nueva York: Liveright [hay traducción española: *Medio planeta. La lucha por las tierras salvajes en la era de la sexta extinción*. Madrid: Errata naturae, 2017].

Capítulo 14: El trance del cazador

Cox, Gerard H. 2013. *Blood On My Hands*. Indianapolis, IN: Dog Ear Publishing.
Essen, Carl von. 2007. *The Hunter's Trance: Nature, Spirit, & Ecology*. Great Barrington, MA: Lindisfarne Books.

Capítulo 15: Jardines

Beatley, Timothy. 2011. *Biophilic Cities: Integrating Nature Into Urban Design and Planning*. Washington, DC: Island Press.
Buchmann, Stephen. 2015. *The Reason for Flowers: Their History, Culture, Biology, and How They Change Our Lives*. Nueva York: Scribner.
Dadvand, Payam, *et al*. 2015. «Green spaces and cognitive development in primary schoolchildren.» *Proceedings of the National Academy of Sciences, USA* 112, n.º 26: 7937-7942.
Kellert, Stephen R., Judith H. Heerwagen y Martin L. Mador, eds. 2008. *Biophilic Design: The Theory, Science,*

and Practice of Bringing Buildings to Life. Hoboken, NJ: Wiley.

Ream, Victoria Jane. 1997. *Art In Bloom*. Salt Lake City: Deseret Equity.

Tallamy, Douglas W. 2009. *Bringing Nature Home: How You Can Sustain Wildlife with Native Plants*. Portland, OR: Timber Press.

Wilson, Edward O. 1984. *Biophilia*. Cambridge, MA: Harvard University Press [hay traducción española: *Biofilia*. México: Fondo de Cultura Económica, 1989].

CAPÍTULO 16: METÁFORAS

Donoghue, Denis. 2014. *Metaphor*. Cambridge, MA: Harvard University Press.

CAPÍTULO 17: ARQUETIPOS

Boyd, Brian, Joseph Carroll y Jonathan Gottschall, eds. 2010. *Evolution, Literature, and Film: A Reader*. Nueva York: Columbia University Press.

Coxworth, James E., *et al*. 2015. «Grandmothering life histories and human pair bonding.» *Proceedings of the National Academy of Sciences, USA* 112, n.° 38: 11806-11811.

Heng, Kevin y Joshua Winn. 2015. «The next great exoplanet hunt.» *American Scientist* 103, n.° 3: 196-203.

McCracken, Robert D. 1999. *Director's Choice: The Greatest Film Scenes of All Time and Why*. Las Vegas, NV: Marion St. Publishing.

Capítulo 18: La isla más lejana

MacArthur, Robert H. y Edward O. Wilson. 1967. *The Theory of Island Biogeography*. Princeton, NJ: Princeton University Press.

Vendler, Helen. 2015. *The Ocean, the Bird, and the Scholar: Essays on Poets and Poetry*. Cambridge, MA: Harvard University Press.

Capítulo 19: Ironía: una victoria de la mente

Sondheim, Stephen. 1973. «Send in the Clowns», de *A Little Night Music*, música y letra de Stephen Sondheim. Nueva York: Studio Duplicating Service, 446 West 44th Street.

Capítulo 20: La tercera Ilustración

Ayala, Francisco J. 2015. «Cloning humans? Biological, ethical, and social considerations.» *Proceedings of the National Academy of Sciences, USA* 112, n.º 29: 8879-8886.

Catapano, Peter, y Simon Critchley, eds. 2016. *The Stone Reader: Modern Philosophy in 133 Arguments*. Nueva York: Liveright.

Cofield, Calla. 2015. «Science and culture: High concept art and experiments.» *Proceedings of the National Academy of Sciences, USA* 112, n.º 10: 2921.

Dance, Amber. 2015. «Science and culture: Oppenheimer goes center stage.» *Proceedings of the National Academy of Sciences, USA* 112, n.º 24: 7335-7336.

Gottlieb, Anthony. 2016. *The Dream of Enlightenment: The Rise of Modern Philosophy*. Nueva York: Liveright.

Johnson, Mark. 2014. *Morality for Humans: Ethical Understanding From the Perspective of Cognitive Science*. Chicago: The University of Chicago Press.

Ornes, Stephen. 2015 «Science and culture: Charting the history of Western art with math.» *Proceedings of the National Academy of Sciences, USA* 112, n.º 25: 7619-7620.

Ruse, Michael, ed. 2009. *Philosophy After Darwin: Classic and Contemporary Readings*. Princeton, NJ: Princeton University Press.

Sachs, Jeffrey D. 2011. *The Price of Civilization: Reawakening American Virtue and Prosperity*. Nueva York: Random House [hay traducción española: *El precio de la civilización*. Barcelona: Galaxia Gutenberg-Círculo de Lectores, 2012].

Schich, Maximillian, *et al*. 2014. «A network framework of cultural history.» *Science* 345, n.º 6196: 558- 562.

Simontin, Dean Keith. 2013. «After Einstein: Scientific genius is extinct.» *Nature* 493, n.º 7434: 602.

Tett, Gillian. 2015. *The Silo Effect: The Peril of Expertise and the Promise of Breaking Down Barriers*. Nueva York: Simon & Schuster.

Watson, Peter. 2016. *Convergence: The Idea at the Heart of Science*. Nueva York: Simon & Schuster.

Weber, Andreas. 2016. *Biology of Wonder: Aliveness, Feeling, and the Metamorphosis of Science*. Gabriola Island, BC: New Society Publishers.

Agradecimientos

La presente obra fue concebida y escrita con la ayuda de muchos amigos y colegas expertos en los temas múltiples y diversos que el autor ha visitado. Dos merecen una mención especial por su papel esencial a la hora de contribuir a completar el conjunto: mi ayudante de investigación y editorial, Kathleen M. Horton, y mi asesor y editor, Robert Weil, director de la Liveright Publishing Corporation, una división de W. W. Norton & Company.

Notas

1 (p. 28) *The Primate Mind: Built to Connect with Other Minds*, Frans B. M. de Waal y Pier Francesco Ferrari, eds. Cambridge, Mass.: Harvard University Press. Copyright © 2012 por Frans B. M. de Waal y Pier Francesco Ferrari.

2 (p. 30) Elizabeth Marshall Thomas. *The Old Way: A Story of the First People*. Copyright © 2006 por Elizabeth Marshall Thomas. Reproducido con permiso de Farrar, Straus and Giroux. Derechos para el RU por cortesía de la Kneerim & Williams Agency.

3 (p. 36) Irenäus Eibl-Eibesfeldt. *Human Ethology*. Nueva York: Aldine de Gruyter, 1989. Usado con permiso.

4 (p. 54) Reproducido con el permiso de Scribner, una división de Simon & Schuster, Inc., de *The Great Gatsby*, de F. Scott Fitzgerald. Copyright © 1925 de Charles Scribner's Sons. Copyright renovado © 1953 de Frances Scott Fitzgerald Lanahan. Todos los derechos reservados.

5 (p. 56) Benjamin Carlson. *The Wolf and His Shadow*. 2015 (p. 8). Tinta sobre cartulina. 51 × 76 centímetros. © Benjamin Carlson. Ilustración de *25 Fables: Aesop's Animals Illustrated*, preparado por Bronwyn Minton, conservador asociado de arte e investigación, Museo Nacional de Arte de la Naturaleza, Jackson, WY.

6 (p. 123) M. Rychlowska, Y. Miyamoto, D. Matsumoto, U. Hess, E. Gilboa-Schechtman, S. Kamble y P. M. Niedenthal. «Heterogeneity of long-history migration explains cultural differences in reports of emotional expressivity and the funcions of smiles.» *Proceedings of the National Academy of Sciences of the United States of America*, 112 (2015): E2429-E2436.

7 (p. 134) Julia Roberts. Charla en YouTube a favor de Conservation International. «Nature Is Speaking—Julia Roberts Is Mother Nature», Conservation International (CI) (https://www.youtube.com/watch?v=WmVLcj- XKnM). Usada con permiso.

8 (p. 142) Carl François von Essen. *The Hunter's Trance: Nature, Spirit, & Ecology*. Great Barrington, MA: Lindisfarne Books, 2007. Usado con permiso.

9 (p. 147) Robert W. Taylor. Cita. Usada con permiso.

10 (p. 152) Fragmento breve de la pág. 50 de *Cultivating Delight: A Natural History of My Garden*, de Diane Ackerman. Copyright © 2001 de Diane Ackerman. Reproducido con permiso de HarperCollins Publishers.

11 (p. 180) «Somnambulisma», de *The Collected Poems of Wallace Stevens*, de Wallace Stevens. Copyright © 1954 de Wallace Stevens y copyright renova-

do 1982 de Holly Stevens. Usado con permiso de Alfred A. Knopf, una marca del Knopf Doubleday Publishing Group, una división de Penguin Random House LLC y Faber & Faber Ltd. Todos los derechos reservados.

12 (p. 184) Stephen Sondheim. 1973. «Send in the Clowns» de *A Little Night Music*, música y letra de Stephen Sondheim. © 1973 (renovado) Rilting Music, Inc. Todos los derechos administrados por WB Music Corp. Todos los derechos reservados. Usado con permiso. Reproducido con permiso de Hal Leonard LLC.

13 (p. 186) Stephen Sondheim. 1973. «Send in the Clowns» de *A Little Night Music*, música y letra de Stephen Sondheim. © 1973 (renovado) Rilting Music, Inc. Todos los derechos administrados por WB Music Corp. Todos los derechos reservados. Usado con permiso. Reproducido con permiso de Hal Leonard LLC.

Índice analítico

Los números de página en *cursiva* remiten a las ilustraciones.

Acerca del autor

Edward O. Wilson nació en Birmingham, Alabama, en 1929, y desde una edad muy temprana se sintió atraído por el ambiente natural. Después de estudiar Biología Evolutiva en la Universidad de Alabama, durante toda su carrera se ha dedicado a la investigación científica y a la enseñanza, incluyendo cuarenta y un años en el claustro docente de la Universidad de Harvard. Sus veintinueve libros y más de cuatrocientos artículos técnicos le han hecho ganar alrededor de cien premios en ciencias y en letras, entre los que se incluyen dos premios Pulitzer, por *On Human Nature* (1979) y, con Bert Hölldobler, por *The Ants* (1991); la Medalla Nacional de la Ciencia de los Estados Unidos; el premio Crafoord, que concede la Real Academia Sueca de Ciencias por campos que no cubre el premio Nobel; el premio internacional de Biología del Japón; la Medalla Presidencial y el premio Nonino de Italia, y la Medalla Franklin de la Sociedad Filosófica Americana. Por sus contribuciones a la biología de la conservación ha recibido la Medalla Audubon de la Sociedad Nacional Audubon, el premio Fundación BBVA Fronteras del Conocimiento, el premio Internacional Cataluña y la Medalla de Oro del Fondo Mundial para la Naturaleza.

Gran parte de su vida personal y profesional la ha relatado en las memorias *Naturalist*, que obtuvo el premio al Libro de Ciencia del *Los Angeles Times* en 1995. Más recientemente, Wilson se ha atrevido con la ficción, y el resultado ha sido *Anthill*, una novela publicada en 2010 que es un éxito de ventas según el *New York Times*. Wilson sigue en activo en la investigación de campo, en la escritura de obra científica y divulgadora y en tareas de conservación. Vive con su esposa, Irene, en Lexington, Massachusetts.

Otros libros de E. O. Wilson

(se indican las traducciones al español, cuando las hay)

Half-Earth: Our Planet's Fight for Life (2016) [*Medio planeta. La lucha por las tierras salvajes en la era de la sexta extinción* (2017)].

The Meaning of Human Existence (2014) [*El sentido de la existencia humana* (2016)].

Letters to a Young Scientist (2013) [*Cartas a un joven científico* (2014)].

The Social Conquest of Earth (2012) [*La conquista social de la Tierra* (2012)].

The Leafcutter Ants: Civilization by Instinct, con Bert Hölldobler (2011).

Anthill: A Novel (2010).

The Superorganism: The Beauty, Elegance, and Strangeness of Insect Societies, con Bert Hölldobler (2009).

The Creation: An Appeal to Save Life on Earth (2006) [*La creación. Salvemos la vida en la Tierra* (2006)].

Nature Revealed: Selected Writings, 1949-2006 (2006).

From So Simple a Beginning: The Four Great Books of Darwin, editados con introducciones (2005).

Pheidole in the New World: A Hyperdiverse Ant Genus (2003).
The Future of Life (2002) [*El futuro de la vida* (2002)].
Biological Diversity: The Oldest Human Heritage (1999).
Consilience: The Unity of Knowledge (1998) [*Consilience. La unidad del conocimiento* (1999)].
In Search of Nature (1996).
Journey to the Ants: A Story of Scientific Exploration, con Bert Hölldobler (1994) [*Viaje a las hormigas. Una historia de exploración científica* (1996)].
Naturalist (1994; nueva edición, 2006) [*El naturalista* (1996)].
The Diversity of Life (1992) [*La diversidad de la vida* (1994)].
The Ants, con Bert Hölldobler (1990); premio Pulitzer para no ficción, general, 1991.
Success and Dominance in Ecosystems: The Case of the Social Insects (1990).
Biophilia (1984) [*Biofilia* (1989)].
Promethean Fire: Reflections on the Origin of the Mind, con Charles J. Lumsden (1983) [*El fuego de Prometeo. Reflexiones sobre el origen de la mente* (1985)].
Genes, Mind, and Culture, con Charles J. Lumsden (1981).
On Human Nature (1978) [*Sobre la naturaleza humana* (1980)]; premio Pulitzer para no ficción, general, 1979.
Caste and Ecology in the Social Insects, con George F. Oster (1978)
Sociobiology: The New Synthesis (1975; nueva edición, 2000) [*Sociobiología. La nueva síntesis* (1980)].
The Insect Societies (1971).
A Primer of Population Biology, con William H. Bossert (1971).
The Theory of Island Biogeography, con Robert H. MacArthur (1967; reimpresión 2001) [*Teoria de la biogeografia insular* (1983)].

Índice

Esta obra,
publicada por CRÍTICA, se acabó de
imprimir en septiembre de 2024